図解・地下鉄の科学

トンネル構造から車両のしくみまで

川辺謙一

ブルーバックス

装幀／芦澤泰偉・児崎雅淑
カバー写真／東京地下鉄
もくじ・本文デザイン・図版／川辺謙一

はじめに

「アンダーグラウンド」という言葉がある。地下を意味する英語だが、必ずしもよい意味に使われない。それは、人々が地下を恐れた時代の名残だろう。

地下空間は暗く、湿っぽくて水はけも悪く、空気が悪くて伝染病が発生しやすいなど、人間生活に不利な条件がそろっている。このため、地下は死者を葬る場所や悪魔が住む世界であるとして、みだりに地面を掘ってはならないとする地域もあった。

科学はそのタブーを打ち破った。地下は生活空間になるどころか、離れた場所に速く行ける移動空間にもなった。魔法のような乗り物、地下鉄が誕生したからだ。

地下鉄は、いまから約150年前の1863年にイギリスのロンドンで誕生した。過密した都市に残された地下空間を利用し、地上交通の混雑を緩和するのが目的だったが、これには懐疑的な声もあった。地面を掘り起こしてトンネルをつくれば、地上の交通が遮断され、かえって交通問題が深刻化する。工事の規模が大きいため、莫大な建設費がかかるが、それに見合った運賃収入が開業後に得られるとは限らない。そもそも、世界に前例がないため、地下鉄でどれだけ便利になるかもわからない。

だが、できあがった地下鉄は、こうした不安を吹き飛ばすほどのインパクトがあった。道路渋滞に影響されず、短時間で目的地に移動できる地下鉄は、都市交通の諸問題を

解決する救世主となった。その後地下鉄は、ロンドンに続いてパリやニューヨークなどの欧米の主要都市でもつくられ、日本を含めた世界各地へ広がっていった。そしてロンドンでは、「アンダーグラウンド」が、地下鉄を意味する言葉になった。

地下鉄は立体構造がおもしろい。暗いトンネルの中では、窓からの眺めを楽しむことはできないし、どこを走っているかもわからないが、われわれを乗せた列車は、たしかに大都会の地下を走り抜けている。道路や川の下だけでなく、住宅やビルの真下をくぐりぬけることもある。上下水道やガス、電力、通信などのライフラインのパイプやトンネルが3次元的に絡み合う地下空間で、残された場所を探すように急な坂やカーブを繰り返しながら走る地下鉄は、まるで大都会のジェットコースターだ。日々地下鉄を利用している人がそのおもしろさに気付かないのは、地下の立体構造が見えないからだろう。

ならば、土やトンネルの壁が透明な世界を想像してほしい。人通りの多い道路の交差点に立ち、足下を見下ろせば、地面の下に埋まった地下鉄の駅が見える。地上にある出入口から続く階段の先には改札口、さらにその先には長い列車が発着するホームがあり、大勢の人が乗り降りしている。大きな高低差をカバーするエスカレーターやエレベーターも見えるだろう。

このような地下鉄は、超高層ビルや東京スカイツリーよりもはるかに規模が大きい巨大建造物だ。なかには、どう

やってつくったのかと不思議に思う部分がたくさんあるが、そうした部分には、一般には知られていない高度な技術が使われていることが多い。

地下鉄の本は多いが、このような視点で書かれたものは少ない。日本で書かれたものは、話が国内、または地下鉄路線が多い東京に限定されており、地下鉄のルートや運用に関する歴史を解説したり、車両などのデータを紹介したものがほとんどだ。都市交通における役割やトンネルの建設方法、地上を走る鉄道とのちがいなどを平易に解説した本は、なかなか見当たらない。

そこで、本書では、紹介する内容を次の3つに絞り、海外も含めて「地下鉄とはなにか」にせまることにした。

・なぜ地下に列車を走らせようとしたのか
・都市の地下にどうやってトンネルをつくったのか
・安全で快適な乗り物にするためにどんな工夫をしたのか

これら3つの話には、都市計画やトンネル建設に直接関係する土木・建築を始め、電気・電子・通信・機械・化学などすべての工学と密接に関係し、地質学や心理学、社会学など工学以外の学問も深く関わっている。つまり、地下鉄は人間が考え出した科学の結晶なのだ。

本書がそれを知る入門書になれば、幸いである。

2011年1月　川辺謙一

図解・地下鉄の科学　目次

東京メトロ副都心線・雑司が谷－西早稲田

第5章　運行システムの技術　157

都営大江戸線・都庁前一新宿西口

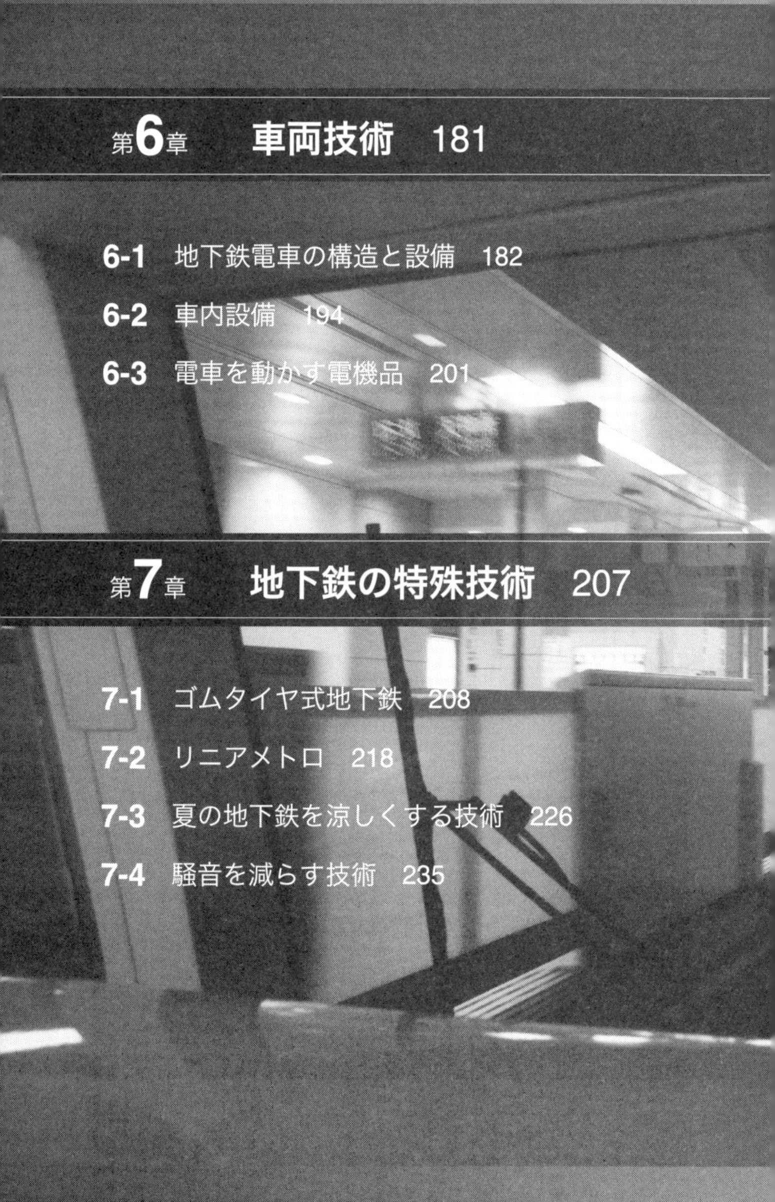

福岡市営七隈線・最後尾車両より

地下鉄の主要車両①

札幌市営5000形
1995年〜　南北線

仙台市営1000系
1987年〜　南北線

東京メトロ16000系(左・2010年〜)
・06系(右・1993年〜)　千代田線

都営12-000形
1991年〜　大江戸線

横浜市営10000形
2008年〜　グリーンライン

名古屋市営2000形
1989年〜　名城線・名港線

地下鉄の主要車両②

京都市営10系
1981年～　烏丸線

大阪市営10系
1976年～　御堂筋線

大阪市営70系
1990年～　長堀鶴見緑地線

神戸市営3000形
1993年～　西神・山手線

福岡市営2000系
1992年～　空港線・箱崎線

福岡市営3000系
2005年～　七隈線

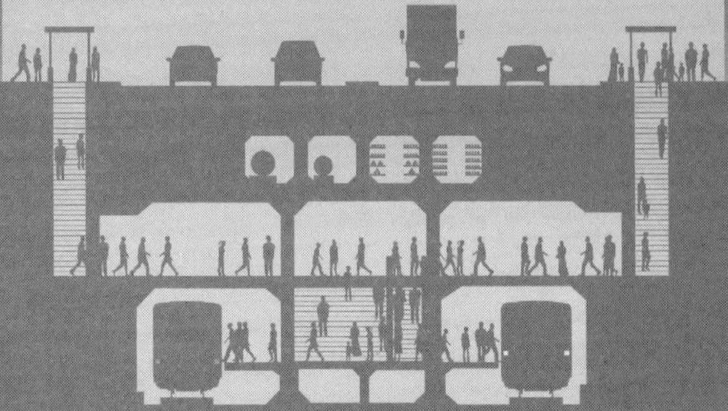

第1章

地下鉄技術の歴史

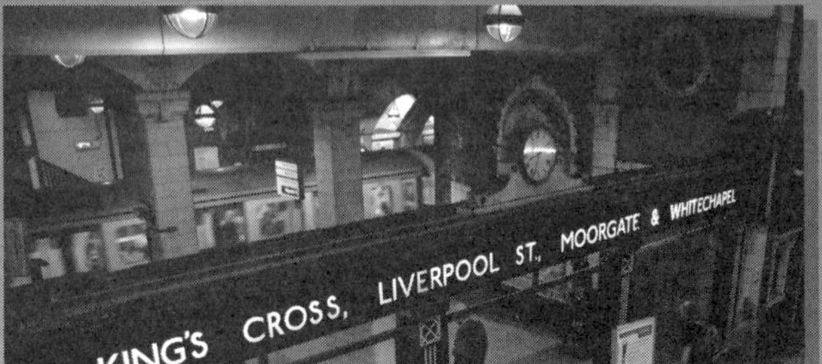

世界最古の地下鉄駅・ベイカーストリート駅（ロンドン）

1-1　東京で生まれた日本の地下鉄

国内9都市で活躍する地下鉄

現在、日本では、9都市で地下鉄が運営されている（図1－1）。その総延長は730.9km（2010年）で、9都市あわせた地下鉄利用者数は、1日平均約1440万人（2008年）にのぼる。

もっとも利用者数が多いのは東京の地下鉄で、国内全体の約6割にあたる785万人が利用している。これは1都市の地下鉄利用者数としては世界一だ。

日本初の地下鉄が誕生したのも東京だ。そのはじまりは、1927年（昭和2年）に開業した浅草－上野間（2.2km・図1－2）であり、現在は東京メトロ銀座線の一部になっている。表1－1は、東京の地下鉄のうち、最古の区間である銀座線の浅草－上野間と、最新の区間である副都心線の渋谷－池袋間におけるトンネル内の設備や車両などを比較したものである。開業年が81年もちがうこともあり、当時と現在の技術のちがいを知ることができる。

軌間（2本のレールの間隔）、集電方式、電気方式、車両寸法から、トンネルの断面形状まで、同じ都市の地下鉄とは思えないくらい異なっていることに気づかれるだろう。これは、つくられた年代の技術が関係しているだけでなく、都市での地下鉄の重要性が時代とともに増し、設計思想が変化してきたことも影響している。最下段の「相互

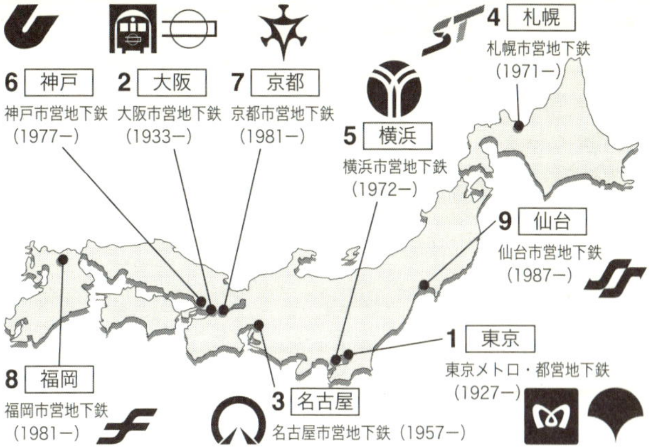

図１－１　日本の地下鉄（数字は開業順）

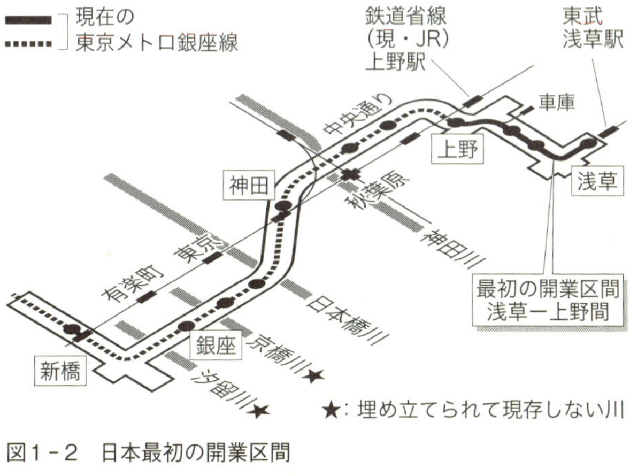

図１－２　日本最初の開業区間

	最古の区間 東京メトロ銀座線 浅草一上野間（2.2km）	最新の区間 東京メトロ副都心線 渋谷一池袋間（8.9km）
開業日	1927年(昭和2年)12月30日	2008年(平成20年)6月14日
建設事業者	東京地下鉄道	東京地下鉄（東京メトロ）
軌間(mm)	1435	1067
集電・電気方式	第三軌条方式　直流600V	架線方式　直流1500V
信号保安装置	打子式 ATS（開業時） CS-ATC（現在）	CS-ATC, ATO
編成両数	1 両（現在 6 両）	8 両または 10 両
車両寸法(mm) 幅x高さx長さ	2600x3465x16000 （01 系中間車）	2850x4045x20000 （10000 系中間車）
おもな工法(駅間)	開削工法	シールド工法
トンネルの 断面形状 （駅間）	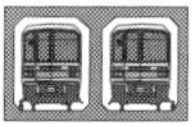 矩形（四角） 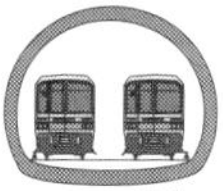 アーチ形 （末広町一神田）	単円（複線）　複合円（複線）  単円（単線x2） 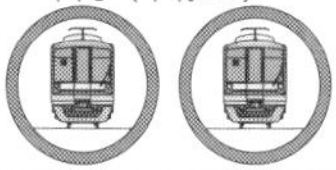
急行運転	未実施	実施（東新宿駅に追い抜き設備）
相互直通運転	未実施	実施（東武・西武※）

※2012年には東急・横浜高速鉄道（みなとみらい21線）と実施予定

表1－1　東京の新旧地下鉄

直通運転」もその一例だ。銀座線建設当時は郊外路線への地下鉄乗り入れは想定されていなかったが、1960年以降に開業した東京の地下鉄路線は、ほとんどが郊外路線への乗り入れが前提となっている。副都心線は4社と乗り入れる計画で建設されている。

本章では、地下鉄の歴史をたどりながら、こうした設計思想の変化や技術の進歩を見ていくことにしよう。

関東大震災直後に開業

日本初の地下鉄が浅草－上野間で開業したのには理由がある。当時、浅草と上野が賑やかな繁華街であったことと、浅草には東武鉄道が、上野には鉄道省線（現・JR）が、それぞれターミナル駅を設けており、その間を接続することでまとまった利用者が見込めたからである。

当初の計画では、浅草－上野間ではなく、銀座や日本橋を経由する浅草－新橋間で工事が行われる予定だった。上野から新橋までは、デパートなどの大型商業施設が建ち並ぶ中央通りの地下を通る計画だった。この区間は東京でもとくに人通りが多く、路面電車のドル箱路線ともなっていたからだ。ところが、工事着手直前の1923年（大正12年）に関東大震災が発生し、東京の街が壊滅的な被害を受けてしまい、地下鉄の建設どころではなくなってしまった。そこで工事区間の縮小を余儀なくされ、短い距離ながらある程度まとまった利用が見込める浅草－上野間が選ばれた。

開業日は12月30日だった（のちの地下鉄記念日）。当日

は、日本初でありアジア初（当時は東洋初といわれた）の地下鉄を一目見ようという人で混雑し、上野駅では約500mにも及ぶ行列ができ、利用者は初日だけで10万人に達した。元日には初詣客が加わって15万人が利用し、1両編成の電車を3分間隔で走らせても利用客をさばききれなかったという。

このときの様子は、当時の工事記録である『東京地下鉄道史』（1934）にくわしく記されている。この資料は、経営・歴史編の『乾《けん》』と技術編の『坤《こん》』の2冊組になっており、『乾』には開業時の様子や経営陣の考え方などが記されている。『乾』の内容は、これまでも地下鉄関連の書籍によく紹介されているが、『坤』に記されていることは専門的であるため、これまであまり内容が紹介されていなかった。本書では両編の記述を参考にしながら、地下鉄の歴史を紹介していきたい。

民間企業が建設・運営

日本初の地下鉄は、東京地下鉄道という民間企業が建設・運営するものとして誕生した。これは、当時の東京市が財政難にあり、地下鉄建設に踏み切れなかったからだ。これがのちに東京メトロと都営地下鉄（東京都交通局）という2種類の地下鉄が東京に存在する要因にもなった。

地下鉄道を略した地下鉄という言葉も、開業前から使われていた。『乾』では、開業6年前に行われた講演会の記録ではじめて「地下鉄」という言葉が登場し、地下鉄の必要性を説くために使われている。「鉄道」の「道」を略し

たのは、濁点がある文字をなくして軽快なイメージにするという、民営らしい発想があったのだろう。

地下鉄を必要とした交通事情

東京に地下鉄が誕生した理由は、都心部の交通問題にあった。東京で交通問題が発生したのは、都市規模が欧米の主要都市なみに大きかったからだが、それだけでなく、東京ならではの理由があった。東京では、欧米の主要都市にくらべて長距離通勤者が多く、鉄道利用者1人あたりの乗車する時間が長い。つまり、いったん列車に乗るとなかなか降りない通勤者が多いのだ。利用者数が同じでも長距離客が増えれば、全体的な鉄道の輸送密度が高くなる。

現在でも、東京で行われている長距離通勤は世界的にも珍しいとされている。それは地下鉄が計画された大正時代でもすでに一般的だったということだ。

当時の鉄道の混雑は、路面電車（当時は東京市電）で顕著に見られた。地下鉄が誕生する直前の東京では、いまほどバスが普及していなかったため、都市交通の上で路面電車が大きな役割を担っていた。このため、路面電車に利用者が集中してすぐ満員になり、途中の停留所では積み残し客があふれ、社会問題にすらなっていた。かといって電車の数を増やすと、運転間隔が短くなりすぎて渋滞し、かえって輸送力が低下してしまう。電車を大型化するのも構造的に難しい。このように混雑解消が困難な状況にあったため、都市交通における抜本的な対策が求められていた。そのための一案が地下鉄の導入だった。

写真１－１　東京の高架鉄道（有楽町駅付近）

地下鉄以外には、道路に高架橋を設けて路面の真上に列車を走らせる高架鉄道を導入する案があった。高架鉄道はアメリカのニューヨークで早くから実用化されていた。建設費が地下鉄よりも安くすむというメリットがあるが、ニューヨークでは高架鉄道による都市の景観の悪化や騒音、日照の妨げがすでに問題になっていた。東京では、これらの問題を避けるため、採用が見送られた。

東京では、道路の真上ではないが、高架鉄道じたいは早くから導入されている。地下鉄よりも2年早い1925年（大正14年）に開業した現在のJRの上野－新橋間だ（写真1－1）。ガード下に飲食店などが並んでいることでよく知られているこの区間では、道路と立体交差する部分が、鋼製の鉄骨が線路を下から支える鉄橋となっており、列車が通るたびに「ガタンガタン」「ゴー」という大きな音がして

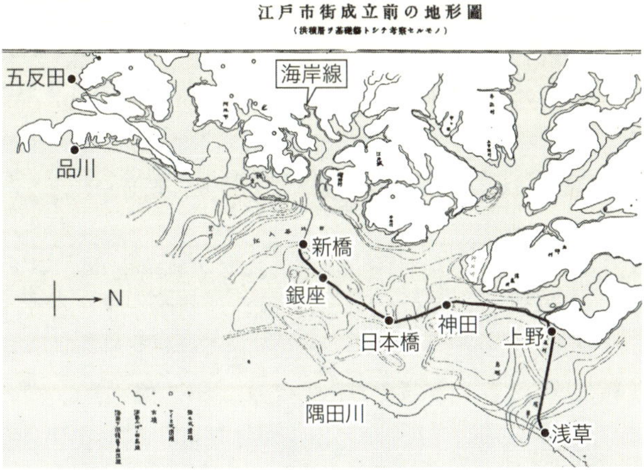

図1－3　市街地が海底にあったことを示す地形図（グレー部分が海）

いる。ニューヨークの高架鉄道の高架橋は、この鉄橋を長くつなげたものを道路の真上に設けたものだ。これと同じものが、銀座のシンボルといえる銀座四丁目交差点の真上を通っていたらと考えると、高架鉄道の採用が見送られた理由がよくわかる。

東京に地下鉄は無理だった？

こうした検討を経て地下鉄を導入することが決まったのだが、当時は東京に地下鉄を建設するのは難しいと主張する学者や技術者もいた。市街地のほとんどがかつて海だったところであり、先に地下鉄を導入していた欧米の都市にくらべて地盤が弱いというのがその根拠だ。図1－3は、『東京地下鉄道史』の『坤』に掲載されている、東京（江

戸）に市街地が形成される前の地形図だ。グレー部分は、かつて海だった範囲だ。これを見ると、地下鉄建設が計画されていた浅草や銀座などの市街地が、海の底にあったことがわかる。

地下鉄建設を決定付けたのは、東京市に保管されていた川にかかる道路の橋や井戸のデータだった。橋や井戸の建設のため行われた地質調査では、地表から深さ7.8尺（2m強）までは軟弱だが、その下に固い砂利層や粘土層があり、深さ4～5間（7～9m）まで掘らなければ地下水が得られないことがわかっていた。このため、比較的浅い位置にトンネルを掘れば、トンネルが地盤にしっかり支えられ、出水事故の心配が少ないことが確認できたのである。その後も沿線の124ヵ所で詳細な地質調査が行われ、本格的な工事に着手した。

地盤の問題は、このあとも日本の地下鉄建設を妨げる大きな壁として立ちはだかりつづけた。日本の大都市はすべて海岸沿いの平野に位置し、大きな川の流域にある。このため、地盤が軟弱な場所が多く、海外の都市とくらべると地下鉄建設が難しいとされていた。これがのちに軟弱地盤を得意とするトンネル建設技術を開発する要因となった。

導入された海外の技術

日本初の地下鉄は、すでに開業していた欧米の地下鉄に学ぶところが多かった。実際に日本からの視察団がロンドンやパリ、ベルリン、ニューヨークなどの地下鉄を訪れており、欧米の地下鉄の手法を参考にしたり、技術や部品を

項目	取り入れたもの
地下鉄システム	ロンドン地下鉄の影響が大きいとされる
車両構造・集電方式・信号 トンネルの工法・保安装置	ニューヨーク地下鉄を参考
車両寸法	海外の例を参考にして決定
車体塗色	ベルリン地下鉄がモデル
電車の電機品	アメリカから輸入

表1－2　海外から取り入れたもの

輸入することで、日本初の地下鉄を実現させている。表1－2は、その具体例をまとめたものだ。ご覧のとおり、ニューヨークの地下鉄を参考にした点が多いが、これは当時のニューヨークの地下鉄が先駆的で比較的新しい技術が使われていたことも関係している。

銀座線の浅草－新橋間のトンネルは、一部（神田付近）を除けば断面が四角い。ちょうど電車が通る空間だけを確保していて、円形などより効率のいい形だ。この構造も、ニューヨークの地下鉄を参考にしたものとされる。

路面電車を支えながらの工事

浅草－上野間の工事は、2年3ヵ月かけて行われた。トンネルの建設は、開削工法で行われた。くわしくは第3章で説明するが、簡単にいうと、工事する全区間で地面を掘って溝のような穴をつくり、その底に線路や駅となるトンネルをつくってから土をかけて埋め戻すというものであ

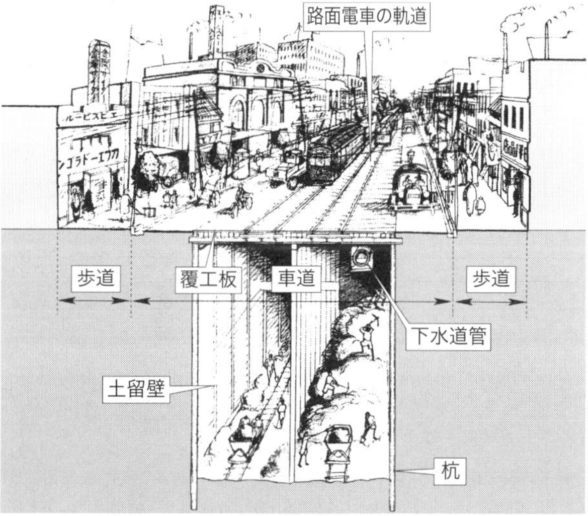

図1－4　路面覆工（浅草－上野間）

る。先に開業したロンドンやニューヨークの地下鉄でも使われた方法だった。シンプルで技術的にも簡単だが、道路に穴を掘るので、工事中は地上の交通に影響を与えてしまうという難点がある。

浅草－上野間の大部分は、浅草通りという比較的広い通り（現在の道路は戦後復興で幅が拡張されたもの）だったが、ここには歩行者や自動車だけではなく、路面電車が頻繁に通っていた。そこで、道路に覆工板《ふっこうばん》と呼ばれる板を敷き詰めて仮の路面をつくり、地上の交通に与える影響を最小限に抑えた（図1－4）。写真1－2は、覆工板の下での掘削工事の様子だ。覆工板を支える仮設の梁には、もともと

写真1－2　覆工板下での掘削工事

地中に埋まっていた下水道管が吊り下げられている。同様のことは現在も行われている。

工事作業の多くは手作業だったが、一部は機械化もされていた。工事を担当した大倉土木（現・大成建設）の記録映像には、巨大な杭打ち機や、スキップホイストと呼ばれる土砂を地下から地上に運ぶ搬送機械、資材を運ぶトラックなどが登場する。無人で動くトロッコも登場する。このトロッコは、機械が巻き取るケーブルによって動くもので、建設現場で出た土砂を浅草の近くを流れる隅田川の桟橋まで運んでいた。当時は道路事情がよくなかったこともあり、もとからある隅田川の水運を使って土砂を搬送したのだ。地下鉄のトンネルと隅田川の桟橋の間には、トロッコが通るための小さなトンネルがつくられた。

こうしてつくられた日本初の地下鉄のトンネルは、いまも現役だ。日本の近代化を支えた遺産でもあるため、2008年には土木学会から土木学会選奨土木遺産（対象は浅草－新橋間）、2009年には経済産業省から近代化産業遺産（対象は銀座線全区間）に認定された。それらの記念プレートは、上野駅の渋谷方面ホームや新橋駅の改札階に展示されている。

日本初の地下鉄電車

日本初の地下鉄に導入された電車である1000形（写真1－3）には、地下鉄ならではのさまざまな工夫が盛り込まれた。

たとえば火災対策。地下トンネルの中では避難路が限られているため、火災が発生すると大惨事につながる可能性がある。そのため、電車そのものが燃えない、または燃えにくくするための工夫がされた。その一つが、当時は珍しかった全鋼製車体の採用だ。

全鋼製車体とは、燃えない金属（鋼）でつくった車体のことだ。当時の一般的な電車は、軽くて加工しやすい木材を車体の全部または一部に使った木製、半鋼製のものがほとんどだったため、全鋼製車体の採用は珍しかった。モケットと呼ばれる座席の織物も、燃えにくい材料が選ばれた。

全鋼製車体を採用すると、金属ならではの冷たい印象のする外観になってしまう。そのため、屋根を除く車体外側が、明るく暖かみがある黄色（帯金黄色）に塗られた。黄

写真1－3　日本初の地下鉄電車（東京地下鉄道1000形）

色は、ドイツ・ベルリンの地下鉄ですでに使われていた色で、薄暗いホームにいる利用客が列車の接近に気付きやすく、安全上でも好ましい色ということで選ばれている。

また、車内の内装にも、金属製でありながら木目調の化粧板を使い、白熱電球で天井を照らす間接照明を採用するなど、冷たい印象をなくす工夫が凝らされた。

車体外側の塗装に使われた黄色は、第二次世界大戦中の混乱期に色が濃くなってオレンジに近い色になり、のちにその色が銀座線を象徴するラインカラーとなった。現在の銀座線の電車の車体は、銀色のアルミニウム合金製だが、路線を識別するためのオレンジ色と、アクセントとなる黒色の色帯をつけている。

路線を色で識別することは、ロンドンの地下鉄が1908年に路線図で行ったのが最初とされ、現在も多くの都市で

行われているが、「電車の車体に路線を識別する色帯を締める」というのは日本だけのようだ。これは、海外では路線ごとに種類がちがう電車を走らせることが少ないことが関係しているが、和服の帯のような感覚で、日本らしいといえるかもしれない。

1000形の製造は、国内の車両メーカーである日本車輛製造で行われたが、電車が動くための要となるモーターや制御装置などの電機品は、アメリカの電機メーカーであるゼネラル・エレクトリックとウェスティングハウス・エレクトリックからの輸入品が使われた。

1000形は、郊外鉄道との互換性はなかった。『東京地下鉄道史』の『坤』には、電車の寸法や、集電方式、軌間が欧米の地下鉄の例を参考にして決められたと記されており、郊外鉄道との直通運転を考慮したという記述はない。将来的な話として、相互直通運転（相互乗り入れ）を行う利点にふれた箇所もあるが、開業当時は計画に盛り込めなかったようだ。

日本初のATSと自動改札機

日本初の地下鉄は、日本の鉄道ではじめて導入されたものが多かった。その代表例が、ATSと自動改札機だ。

ATSとは、列車を安全に走らせるための保安装置の一つだ。くわしくは第5章で述べるが、日本では地下鉄ではじめて実用化された技術の一つだ。

自動改札機の導入も地下鉄が最初だった。といっても、いまの自動改札機ほど高機能なものではなく、当時の均一

写真1－4　ターンスタイル自動改札機（地下鉄博物館）

料金であった10銭の白銅貨《コイン》を入れると、レバーが回転して入場できるというものだ（写真1－4）。これもニューヨークの地下鉄で早くから導入されていた。

戦後急激に路線網が拡大

東京は、地下鉄導入では日本初、アジア初の都市になったが、欧米の都市にくらべれば導入時期は遅かった。世界初の地下鉄が誕生したロンドンから数えれば、地下鉄を導入した順番は、パリが6番目、ニューヨークが8番目であり、東京は15番目だった（表1－3）。

東京でわずか2.2kmからはじまった日本の地下鉄は、その後急速に発展し、大阪や名古屋にも地下鉄が導入された。とくに発展が著しかったのは高度経済成長期以降で、国内の多くの都市で地下鉄がつくられるようになった。図

世界の地下鉄

	開業年	
ロンドン	1863	世界初の地下鉄
ブダペスト	1896	
グラスゴー	1896	循環式地下鋼索鉄道
ボストン	1897	
ウイーン	1898	
パリ	1900	
ベルリン	1902	
ニューヨーク	1904	
フィラデルフィア	1907	
ブエノスアイレス	1913	
マドリード	1919	
バルセロナ	1924	
アテネ	1925	
シドニー	1926	
東京	1927	
大阪	1933	
モスクワ	1935	
シカゴ	1943	
ストックホルム	1950	
トロント	1954	
クリーブランド	1955	
レニングラード	1955	
ローマ	1955	
名古屋	1957	
リスボン	1959	

日本の地下鉄

東京	1927（昭和 2）
大阪	1933（昭和 8）
名古屋	1957（昭和 32）
札幌	1971（昭和 46）
横浜	1972（昭和 47）
神戸	1977（昭和 52）
京都	1981（昭和 56）
福岡	1981（昭和 56）
仙台	1987（昭和 62）

表1－3　地下鉄の開業順

1－5は、国内各都市の地下鉄の開業距離を合計して示したグラフだ。これを見ると、各年に開業した路線の合計（年別開業距離）が1960年ごろから急増し、路線全体の距離（累計開業距離）が年々増えてきたことがわかる。

　地下鉄の路線網拡大は、戦後における自動車台数の急増と、路面電車の急速な衰退が関係している。たとえば東京都では、1955年から1962年までの7年間で、自動車保有台数が3.3倍になったが、道路面積はわずか11％しか増え

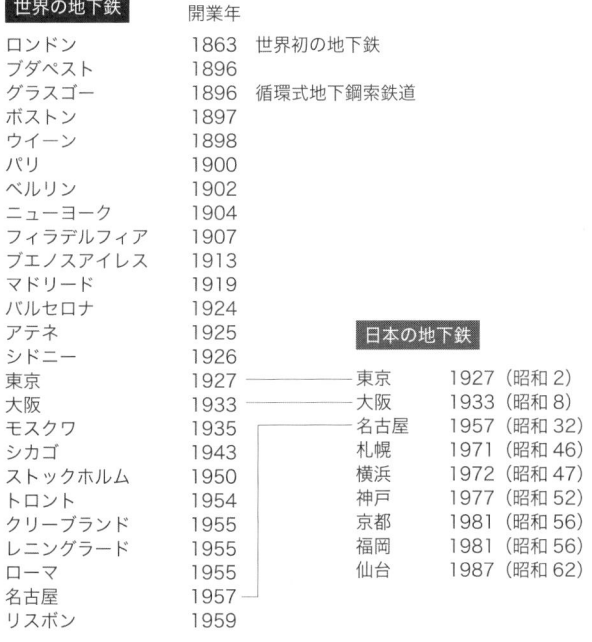

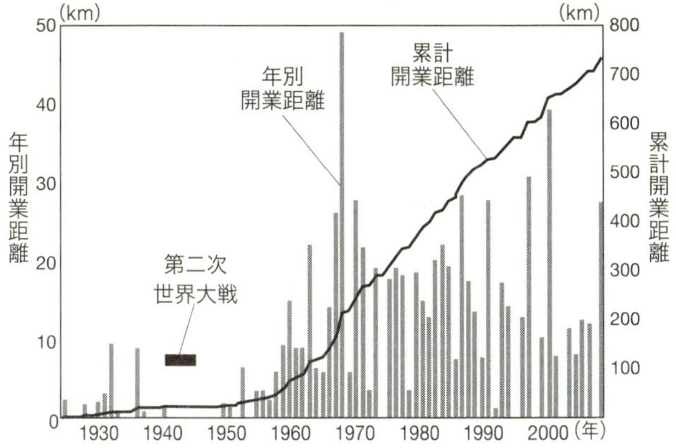

図1－5　国内地下鉄の年別開業距離・累計開業距離

なかったため、道路渋滞が激しくなった（『東京都交通局80年史』より）。道路における路面電車の軌道敷は、従来自動車は通行できなかったが、1961年の道路交通法改正によって通行が可能になった。軌道敷にも自動車があふれたことで、路面電車の平均速度は著しく低下し、所要時間は長くなり、定時性も失われた。公共交通機関としての使命を果たせなくなったことで、利用者は年々減りつづけた。

路面電車とともに都市交通の一端を担っていたトロリーバスも、利用者が減った。トロリー（架線）が張ってある道路しか走れないトロリーバスに代わり、ルートの自由度が高くて高性能なバスが登場したからだ。当時のバスは、戦時中から続いた石油燃料の統制が終わり、ディーゼルエンジンの発達による高出力化が実現したことで大型化さ

れ、路面電車と同程度の輸送力を持つようになっていた。

こうしたことから、路面電車やトロリーバスを地下鉄やバスに置きかえ、都市交通の問題を解決することが検討された。日本では、時代遅れと判断された路面電車やトロリーバスが、国の方針に従い1970年代末までに次々と姿を消した。路面電車は、東京や広島など一部の都市の一部の区間で残されたが、都市を走るトロリーバスは現存しない。

図1－6は、東京の鉄道網の変化を示したものだ。東京オリンピック開催前年の1963年は、首都高速道路など都市交通インフラが急速に整備された年でもあるが、路面電車（都電）の路線網は健在で、地下鉄よりもはるかに充実していた。ところがわずか7年後の1970年には路面電車の路線網が急速に縮小し、代わりに地下鉄の路線が増えて現在の姿に近くなっている。つまり、路面電車で一度築いた鉄道網を、短期間に地下鉄で再構築しているのだ。

戦後一貫して整備されつづけてきた日本の地下鉄網は、21世紀に入りほぼ完成の域に達したとされている。現在は名古屋市営桜通線の延伸と仙台市営東西線の新設の工事が行われているのみだ。福岡などでの路線延伸や、川崎などでの新線建設が検討されているが、着工には至っていない（2011年1月時点）。日本の地下鉄整備は、ほぼ終了したといえる。

日本で発展した地下鉄技術

日本の地下鉄は、海外から技術を輸入するところから始

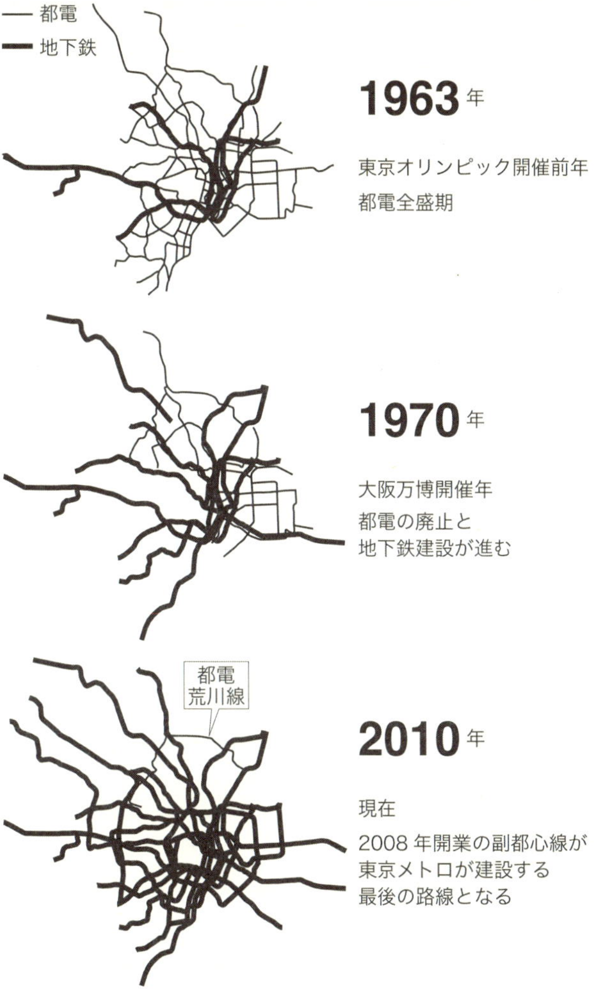

図１-６　東京の鉄道網の変化（JR・私鉄を除く）

まったが、いまでは海外に技術を輸出する立場になっている。それは、鉄道におけるさまざまな新しい技術が地下鉄に導入され、改良を繰り返しながら発展してきたからだ。たとえば、軟弱地盤に対応したトンネル建設技術や、情報技術を駆使した自動改札システム、列車を安全に走らせるための信号システムや列車管理システムなど、地下鉄でいち早く導入された技術は多い。また、ゴムタイヤ車輪やリニアモーターで駆動する電車のように、海外の例を参考にしながら、日本で発展した特殊な鉄道システムもある。

これらの技術は、海外に有料で輸出するだけでなく、日本の政府開発援助（ODA）の一環として新興国に地下鉄を建設するときにも供与されている。たとえば、韓国のソウルや中国の北京、インドのデリーやコルカタなどのように、日本の資金と技術の援助で地下鉄を導入した例は多い。

1-2　ロンドンでの地下鉄誕生

地下鉄とシールド工法の発祥地

地下鉄発祥の地は、イギリスの首都ロンドンである。ここでは、地下鉄草創期のさまざまな技術開発がなされ、試行錯誤が繰り返された。地下鉄というシステムと建設方法を語るうえで欠かせない都市といえる。

現在のロンドンの地下鉄は公営で、11の路線があり、ロンドン交通局（Transport for London：TfL）によって

運営されている。路線の総延長は402kmで、1日平均約290万人が利用している。東京の地下鉄とくらべると、総延長は1.3倍だが、利用者数は3分の1強にすぎない。

だが、ロンドンにおける地下鉄の役割は大きい。ロンドンの市街地の道路はヨーロッパでもっとも渋滞が起きやすいといわれており、渋滞が原因で生じる経済損失は最大で週400万ポンド（約5億2000万円）と推算されている。このため、ロンドン交通局は2003年から中心地に乗り入れる自動車に交通混雑税（一律1日5ポンド：約650円、導入当時）を課して、少しでも道路の交通量を減らそうとしている。

ロンドンの地下鉄のネットワークは、市街地だけでなく郊外にも広がっており、空の玄関口であるヒースロー国際空港と都心を直結する空港アクセス鉄道としての役割も担っている。郊外の鉄道輸送をJRと私鉄に頼る東京とは対照的だ。

江戸時代に誕生した地下鉄

世界初の地下鉄がロンドンで誕生したのは、いまから150年ほど前の1863年だった。当時日本はまだ黒船が来航したあとの幕末で、新橋－横浜間に日本最初の鉄道が開業する9年前。東京で地下鉄が誕生するよりも60年以上も前のことだった。

世界初の地下鉄は、日本初の地下鉄と同様に民営で、民間企業であるメトロポリタン鉄道によって建設・運営が行われた。最初に開業したのは、パディントン－ファリンド

ンストリート（現・ファリンドン）間の6kmだった。

ロンドンで地下鉄が誕生したのも、都市部での道路渋滞が問題となったからだ。道路が混雑した原因は、都市化による人口増加だけでなく、ロンドンを中心としたイギリス国内の鉄道網や、市街地の道路の幅の狭さにもあった。

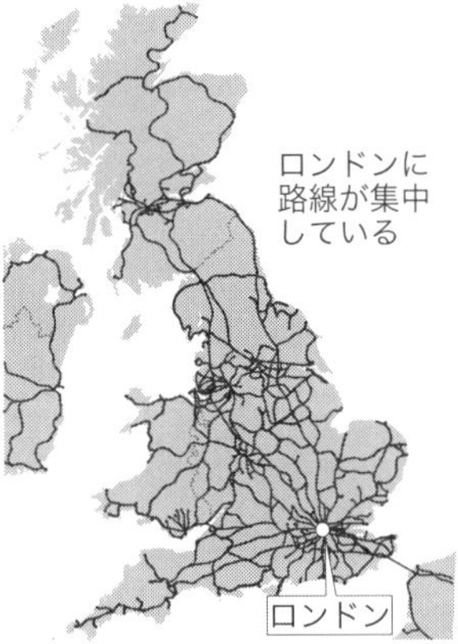

図1－7　イギリス国内の鉄道網（現在）

イギリス国内の鉄道網は、ロンドンから放射状に延びる路線が多いため、都市間を移動するときには、用事はなくてもロンドンを経由するほうが便利なことが多い（図1－7）。当時は、ロンドンから各方面に向かう路線が別々の会社によって運営されていたため、ロンドン市街地には方面ごとに7つのターミナル駅が離れて存在していた。これでは、鉄道利用者はロンドンで乗り換えるたびにターミナル駅間を移動しなければならない。当時はまだ自動車が普及していなかったので、市街地での移動手段はもっぱら徒歩か道路を走る馬車だったが、経済が発展して国内を移動する人が増えると、馬車の交通量が急増した。ところがロンドンの市街地の道路は幅が狭かったため、急な交通量の増加に対応できず、渋滞が頻繁に発生してしまったのだ。

こうした問題を解決するために考えられたのが、市街地

図1－8　ターミナル駅を結ぶ環状鉄道

をぐるりと一周する環状鉄道（現・サークルライン）を新たにつくり、ターミナル駅を結ぶことだった（図1－8)。離れたターミナル駅間を移動しやすくし、道路の混雑を緩和しようとしたのである。役割は、のちの日本の山手線と似ている。

早くから都市化が進んだロンドンでは、すでに多くの建物が密集していた。新たにレールを敷くなら道路の路面しかなかったが、幅が狭い道路を線路にするわけにもいかなかった。そこで、路面の真上の中空に線路を設ける高架鉄道や、車道や歩道を積み重ねて層状構造にし、半地下に設けられた鉄道の上に車道をつくり馬車を通すなどのアイデ

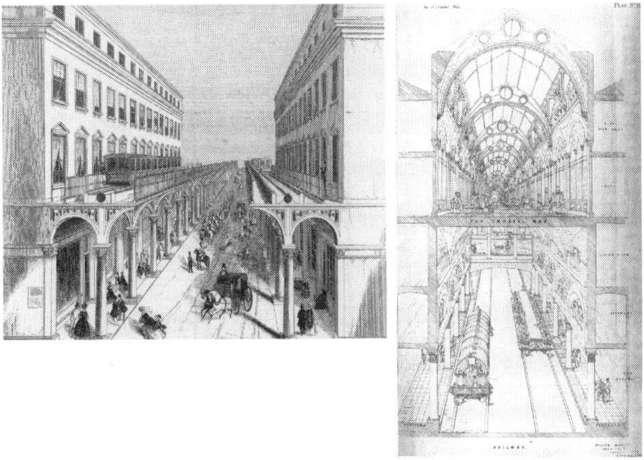

図1－9　ロンドンで検討された別案（左：道路上の高架鉄道　右：層状構造のクリスタルウェイ）

アが検討された（図1－9）。つまり、地下鉄は検討された案の一つにすぎなかったのだ。このうち、層状構造は現実的ではなく、高架鉄道は都市景観を悪くするとの理由で却下された結果、世界に前例がない地下鉄を導入することになったのだ。

地下鉄の誕生と普及

世界初の地下鉄建設は開削工法で行われたため、全区間で地面に穴が掘られた。ところが、前例がない工事だったためか、道路の交通を確保するための路面覆工が行われず、掘った穴の底まで太陽の光が差し込む露天掘りで工事が行われた（図1－10）。これによって道路が長期間寸断

図1－10　世界最初の地下鉄工事現場

されてしまったため、周辺交通は大混乱に陥ったという。

3年間に及ぶ難工事の末、世界初の地下鉄が開業した。当初計画された環状鉄道の北半分だけの部分開業だったが、これによって3つのターミナル駅が鉄道でつながり、渋滞に左右されず移動できるようになった。列車は15分間隔で運転されたため、駅に行けばすぐ乗れて、しかも速く市街地を移動できるようになった。このような便利な公共交通機関の誕生は、それまでの都市交通の概念を覆すほどインパクトがあり、のちに世界に地下鉄が広がるきっかけになった。

地下鉄のことを「メトロ」と呼ぶことがあるが、その由来は最初の地下鉄を建設・運営したメトロポリタン鉄道にあるとされている。「メトロポリタン（Metropolitan）」は、もともとは「大都市の」という意味の英語だが、世界初の地下鉄を運営した会社の名前に使われたこともあり、

図1－11　世界初の地下鉄列車

のちに「メトロポリタン」またはその略称の「メトロ」が、地下鉄を意味する愛称にもなった。「メトロ」という呼び方は、フランスのパリなど、多くの国の都市で使われており、日本でも東京地下鉄が「東京メトロ」という愛称を用いている。

なお、「ドバイメトロ」のように、ほとんど地上を走る鉄道に使われている例もあるので、現在の「メトロ」という言葉は、地下鉄または地下鉄を含む都市鉄道を意味すると解釈したほうがよいだろう。

トンネルを蒸気機関車が走った？

最初の地下鉄を走った列車は、電車ではなく、蒸気機関車が客車を牽引するというものだった（図1－11）。当時

写真1-5　煤煙を排出する通気口（現在のサークルライン）

は鉄道車両を走らせる動力が蒸気機関しかなく、電気機関や内燃機関（ガソリンエンジンやディーゼルエンジン）は、まだ十分に発達していなかったからだ。電気機関で動く小規模な列車がベルリンで誕生するのは、地下鉄誕生よりも16年遅く、1879年だ。

その点では、地下鉄の誕生は時期的に早すぎたのかもしれない。モクモクと煙を出す蒸気機関車を地下トンネルに走らせるのは、さすがに問題があった。そこで、できるだけ煙が広がらないようにするため、さまざまな工夫が凝らされた。

まず、トンネルの所々に大きな通気口、つまり地上とつながる垂直の穴を設けた。トンネル内の煙を地上に放出しやすくするためだ。写真1-5を見てほしい。これは現在のロンドンの地下鉄の写真だが、トンネルの天井の一部が

なくなっており、地上からの光が差し込んでいるのがわかるだろう。これは煙を出すための通気口として使われたものだ。

蒸気機関車の出す煙を減らすための改良も行われた。その一つに蒸気の排出方法を変えたことがあげられる（図1－12）。

一般的な蒸気機関車では、動輪を動かすために使われるシリンダーから排出された蒸気を煙突に送っている。蒸気で煙の排出を加速させることでボイラーに入る空気（酸素）の量を増やし、石炭の燃焼効率を高めるためだ。この方法は、自動車のターボチャージャー（過給器）と同様に、空気を多く取り込んで出力を上げる点では有効だが、排出される煙が広がる原因になる。そこで、シリンダーから出た蒸気を煙突ではなく水タンクに導いて凝結させるようにした。

運転方法も工夫された。運転中ずっとボイラーで石炭を燃やすのではなく、トンネルに通気口がある駅などで集中的に燃やし、トンネル走行中は煙をできるだけ出さないようにしたのだ。当初は、通気口がある場所で煉瓦《れんが》をボイラー内で高温に熱し、走行中はその余熱で蒸気を発生させるというアイデアもあったが、機関車の試運転が失敗に終わり実現しなかった。

こうしたトンネルや蒸気機関車の改良によって、理屈の上ではトンネルの内部に煙が充満することがなくなり、空気が快適に保たれるとされた。しかし、実際は期待された効果は得られず、トンネル内には煙だけでなく、石炭に含

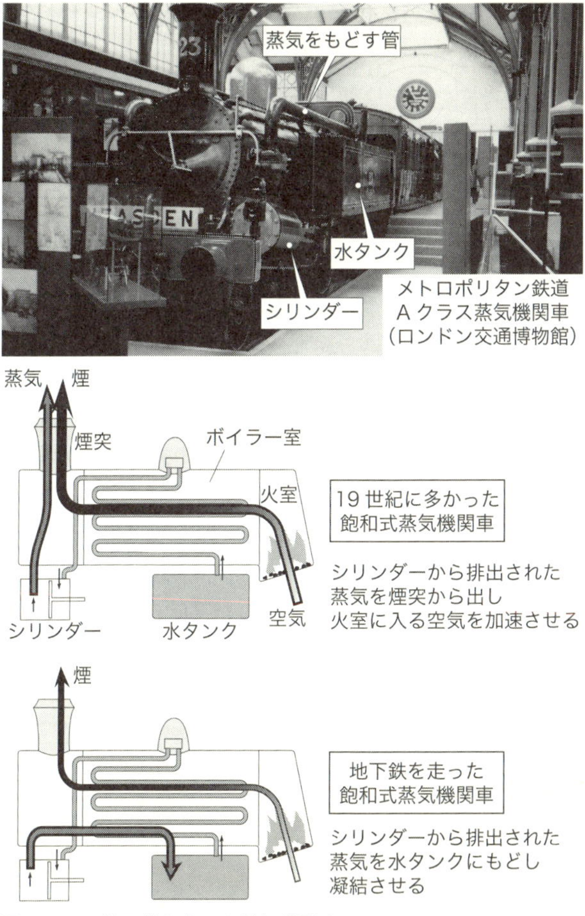
蒸気をもどす管
水タンク
シリンダー
メトロポリタン鉄道
Aクラス蒸気機関車
（ロンドン交通博物館）
蒸気
煙
煙突
ボイラー室
火室
19世紀に多かった
飽和式蒸気機関車
シリンダーから排出された
蒸気を煙突から出し
火室に入る空気を加速させる
シリンダー
水タンク
空気
煙
地下鉄を走った
飽和式蒸気機関車
シリンダーから排出された
蒸気を水タンクにもどし
凝結させる

図1－12　地下鉄を走った蒸気機関車

まれる硫黄のにおいが漂い、不快な空間になってしまった。とくに煙突から出た煤《すす》がこびりついたトンネルの天井が、独特なにおいを放つ原因になったという。

開業から40年ほどたった1905年には、蒸気機関車は煙を出さない電気機関車に置きかえられたが、今度は重い電気機関車が走るときの振動が問題になり、沿線住民から苦情が寄せられた。そこで電車が走るようになった。いまではそれが当たり前になっている。

直通運転を考慮した設計

東京で見られる相互直通運転の原点も、世界初の地下鉄に見られる。世界初の地下鉄では、郊外鉄道との直通運転を計画していたのである。そのため、パディントン駅とキングスクロス駅で郊外鉄道とレールがつなげられた。

しかし、グレートウェスタン鉄道は広軌（2140mm）、グレートノーザン鉄道は標準軌（1435mm）と別々の軌間を採用していた。そのため、地下鉄線内を3線軌（3線区間）にして対応した。3線軌とは、軌間が異なる鉄道の列車が走れるようにするために、線路にレールを3本敷くものだ。日本では秋田新幹線や箱根登山鉄道の一部区間で見られる。

また、トンネル断面に余裕を持たせることで、両社の列車が乗り入れできるようにしていた。実際は経営上の問題で実現しなかったが、いまから150年以上前に直通運転を計画していた点が興味深い。

世界初の地下鉄となった区間の駅は、いまでは改装によ

写真１-６　世界最古の地下鉄駅（ベイカーストリート駅）

って姿が変わっているが、一部では開業時の面影が残る場所がある。その代表ともいえるのが、ベイカーストリート駅だ（写真1-6)。サークルラインのホームには、開業当時の絵画（写真右のベンチの上）が展示されており、アーチ形の天井などがいまも当時のまま残されている。

シールド工法発祥の地

現在、地下鉄のトンネル建設工事には、開削工法よりもシールド工法がよく使われている。シールド工法は、簡単にいうと地下を横方向に掘り進みながらトンネルをつくっていくというものだ。地表に掘る穴は一部ですむので、地上への影響が小さいという利点がある。

その原点も、地下鉄と同様にロンドンにある。世界で最初にシールド工法が使われた「テムズトンネル」だ。ロン

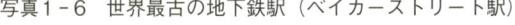

図1－13　テムズ川とテムズトンネル

写真1－7　世界最古のシールドトンネル（テムズトンネル）

ドン市街を東西に流れる大河・テムズ川の底を抜けるトンネルで、図1－13のように川の両岸に立坑と呼ばれる垂直な穴を掘り、そこから横方向に掘り進んでつくられた。完成直後は、川を横断するための歩道として使われたが、地下鉄が誕生した翌年には、地下鉄のトンネルに転用され、現在に至っている（写真1－7）。

シールド工法は、テムズ川の水運に影響を与えずトンネ

ルを掘る方法として考え出された。そのアイデアは、図1－14に示すフナクイムシ（船食虫）と呼ばれる小さな生物の動きがヒントになったというエピソードがある。フナクイムシは、やすりのような凸凹を持つ貝をこすりつけて木に穴を開け、軟体部から分泌された石灰分を穴の表面に塗り付け、白いチューブのような壁をつくるという性質がある。木造船の底を劣化させる虫として嫌われた生物だったが、技術者M. I. ブルネルがその動きを見てシールド工法を思いついたとされている。話の真偽は不明だが、M. I. ブルネルが「テムズトンネル」の工事の指揮をとり、シールド工法の実用化に尽力したことは事実だ。

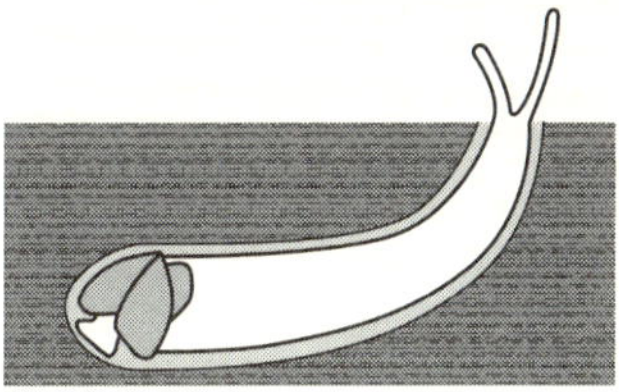

図1－14　フナクイムシ

なぜ最初の地下鉄は開削工法だったのか

「テムズトンネル」が完成したのは、地下鉄が誕生する20年前だ。もし、シールド工法が最初の地下鉄建設工事に使われていたら、開削工法で道路を閉鎖しなくてもすんだかもしれないとも思えるが、実際は使われなかった。シールド工法を使うと費用と時間がかかりすぎるうえに、地面から浅い場所にトンネルをつくるのに不向きだったからだ。

　当時、地下鉄のトンネルは浅くなければならなかった。それは、乗客の利便を図ったり、建設費を節約するためだ

けではなく、蒸気機関車から出る煙を地上に逃がしやすくする必要があったからだ。そのため、電気機関車や電車が実用化されてからは、ロンドンの地下鉄ではシールド工法が多用されるようになった。

シールド工法の長所は、地上の道路に与える影響を最小限に抑えられるだけでなく、建物の真下にもトンネルをつくれる点にある。これは道路が狭く入り組んだ都市に地下鉄をつくるうえで重要なことだ。もしシールド工法がなかったら、現在のロンドンの地下鉄ネットワークは構築できなかっただろう。

2種類ある地下鉄

ロンドンでは、地下鉄のことを「アンダーグラウンド(Underground)」と呼ぶが、さらにこれを2種類にわける呼び方として、「サーフェース（Surface)」と「チューブ(Tube)」がある（図1－15)。「サーフェース」は、地表から近い浅い場所を通るという意味で、開削工法でつくられた路線を指す。「チューブ」は、トンネルが円筒形であることから名付けられた愛称で、シールド工法でつくられた路線であり、「サーフェース」よりも断面が一回り小さい電車が走っている。

現在、ロンドンの地下鉄には11の路線があるが、そのうち「サーフェース」が4路線、「チューブ」が7路線である。当初計画された市街地を一周する路線は「サーフェース」の「サークルライン」と呼ばれており、最初の開業区間はその一部になっている。

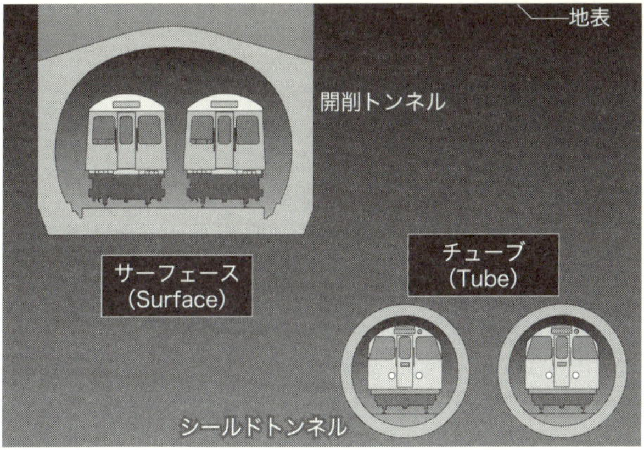

図1－15　2種類あるロンドン地下鉄

残りの「サーフェース」の3路線は、一部で「サークルライン」と同じルートをたどっている。同じトンネルの線路を2～3路線の列車が共用しているのである。東京では2路線の列車が走っている区間に、東京メトロ南北線と都営三田線が線路を共用する白金高輪－目黒間があるが、それに似ているといえる。

1-3　ニューヨークでの都市鉄道の誕生

世界最大の地下鉄ネットワーク

次に、アメリカ最大の都市、ニューヨークに目を向けてみよう。地下鉄は、都市内の短距離輸送を行う鉄道、つまり都市鉄道の一種だが、都市鉄道そのものはニューヨーク

で生まれた。その起源は、路面を走る馬車鉄道だった。

現在のニューヨークには、総延長374kmの地下鉄ネットワークがある。ロンドンと同様に公営で、ニューヨーク州都市交通局（Metropolitan Transportation Authority：MTA）によって運営されている。大半の路線が複々線化されており、各駅停車と急行の2種類の列車が別々の線路を走っている。また、世界的に珍しい24時間営業が行われているのも大きな特徴だ。

1970年代からは車内や駅構内における落書きや凶悪犯罪が目立ち、危険な乗り物として観光客から嫌われたが、現在は警備などの防犯対策が強化され、治安は改善された。

高架鉄道の発展と衰退

ニューヨークでの地下鉄の導入開始は1904年で、ロンドンよりも40年以上遅かったが、代わりに高架鉄道（図1－16）を都市鉄道として早くから導入していた。ニューヨークの道路は、幅がロンドンよりも広かったため、道路に鋼製の高架橋をつくって列車を走らせる高架鉄道が導入しやすかったのだ。

ニューヨークで高架鉄道が誕生したのは1871年で、ロンドンで地下鉄が誕生してから8年後だった。高架鉄道は、その後急速に路線網を拡大し、ニューヨークの代表的な都市鉄道となった。

ところが、のちに高架鉄道は、地下鉄に置きかえられてしまった。高架鉄道の路線は、1920年代から次々と廃止

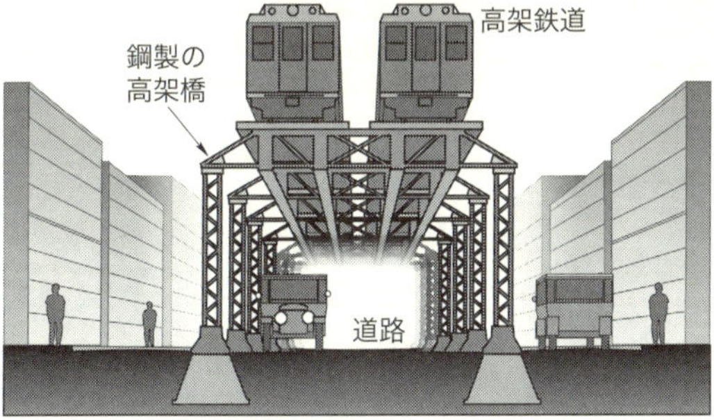

図1-16　ニューヨークの高架鉄道（イメージ）

され、中心街であるマンハッタン地区では1950年代に姿を消した。それ以外の地区では、地下鉄路線の一部として高架区間が残っている（写真1-8）。

高架鉄道が廃止された理由は、日本初の地下鉄の項でもふれたように、高架橋による都市景観の悪化と、高架橋から発生する騒音が大きな問題になったからだ。実際に、沿線の低層建物が高架橋の日陰になるうえに一日中騒音に悩まされたり、高架橋下の薄暗い場所で犯罪が起きやすくなるなどの問題が生じたとされる。

地下鉄への転換は、1929年の世界恐慌による景気の悪化も関係している。地下鉄建設は雇用を生むので失業対策にもなるし、高架鉄道を地下に埋めれば、景観や騒音の問題が解決されて沿線の不動産価値を高めることができる。こうした理由から、当時のニューヨーク市長が地下鉄建設を進めたとされる。

写真1-8　ニューヨーク地下鉄の高架区間（大野哲男氏提供）

空気圧で列車を動かす？

ニューヨークでは、公共交通としての地下鉄ができる前

図1－17　ニューヨークで計画された空気圧鉄道（左：試運転の様子　右：高架橋を走らせる構想）

に、空気圧鉄道（図1－17）という奇想天外な乗り物が検討されていた。空気圧鉄道は、エンジンのシリンダーの中を動くピストンのように、チューブの中に生じる空気の圧力の差を利用して列車を推進させるというもので、地下トンネルや高架橋の上を走るものが考えられていた。1870年には、地下トンネルの試験線（図1－17左）が完成したが、実現には至らなかった。

こうした検討は、蒸気機関車から排出される煙がロンドンの地下鉄で問題になったことが関係している。当時は電気で列車を動かす技術がなかったため、動力となる蒸気機関を車両に載せない方法の一つとして、空気圧鉄道が考えられていたのだ。

空気圧鉄道と同じように動力を車両に載せない例としては、車両をケーブルで推進するケーブルカーがあり、都市の地下を走るものには1875年に開業したトルコのイスタンブールの鉄道や1896年に開業したイギリスのグラスゴ

ーの地下鉄に採用された。このイスタンブールの地下ケーブルカーは、路線延長は573mで、世界一短い地下鉄とも呼ばれているが、短すぎるため地下鉄から除外されることが多い。グラスゴーの地下鉄は、市街地を一周する環状鉄道で、車両はのちに電車に置きかえられている。

ニューヨークでは、高架鉄道や空気圧鉄道など、都市鉄道に関する興味深い試みが行われたが、結局のちのロンドンと同じように、電車が地下を走る地下鉄に移行した。その後は、24時間運転などの世界的に珍しいサービスを提供してきた。

日本に地下鉄が入って来たのは、欧米でこうした試行錯誤が繰り返し行われ、地下鉄の基本技術が確立されてからだ。

1-4　海外の地下鉄

地下鉄がある都市

ここまで、おもに東京・ロンドン・ニューヨークの地下鉄を紹介したが、世界にはほかにも地下鉄のある都市が多数ある。2010年3月に刊行された『世界の地下鉄』（日本地下鉄協会、ぎょうせい）には、現在地下鉄が活躍している都市は世界に151あり、工事中または導入を検討している都市はさらに92あると記されている。経済発展著しい中国の上海のように、地下鉄の総延長が急速に拡大している都市もあるので、世界全体の地下鉄の総延長は今後も延

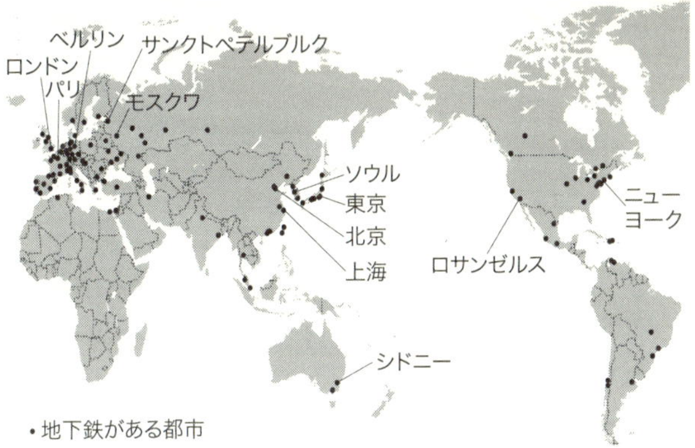

図1-18　世界の地下鉄（2010年）

びつづけると予想されている。

図1-18は、2010年時点で地下鉄がある都市を示したものだ。このなかには、地下区間はあるが路線の大部分が地上区間になっている都市鉄道がある都市も含まれている。地下鉄は、ロンドン・パリ・ニューヨークなど、北半球の先進国の主要都市から普及していったが、いまでは南半球や、新興国にも分布しているのがおわかりいただけるだろう。

各国の地下鉄の呼び方

国が変われば、地下鉄の呼び方も変わる。表1-4は、おもな国での地下鉄の呼び方を示したものだ。日本の駅の案内表示では、「地下鉄」の英語表記が「Subway（サブウェイ）」となっているが、これはアメリカ英語。イギリ

都市名	呼び方
東京	地下鉄
北京	ディティエ(地鉄)
ソウル	チハチョル(지하철)
ロンドン	アンダーグラウンド(Underground)
ニューヨーク	サブウェイ(Subway)
ベルリン	ウーバーン(U-Bahn)
パリ	メトロ(Metro)
モスクワ	ミェトロ(Метро)

表1-4　世界各地の地下鉄の呼び方

ス英語では「地下道」を意味する。

地下鉄の呼び方は各国で異なり、世界で共通する呼び方はない。あえていえば、「Metro(メトロ)」という呼び方が多くの国で使われている。

海外で地下を走る鉄道の中には、日本語の「地下鉄」が示すイメージとは異なるものが存在する。たとえば、先ほど紹介したトルコのイスタンブールと同じような地下ケーブルカーは日本にはない。アメリカのボストンのブルーラインでは、道路の路面を走る路面電車(LRV)が、中心地で地下に潜ってトンネルを走っている。都電が地下を走るようなものだが、都市の地下を走る鉄道という点では共通している。

都市ごとの輸送密度

地下鉄を含めた都市鉄道の利用状況は、世界の各都市で異なる。図1-19は、世界の主要都市の都市鉄道の1日の

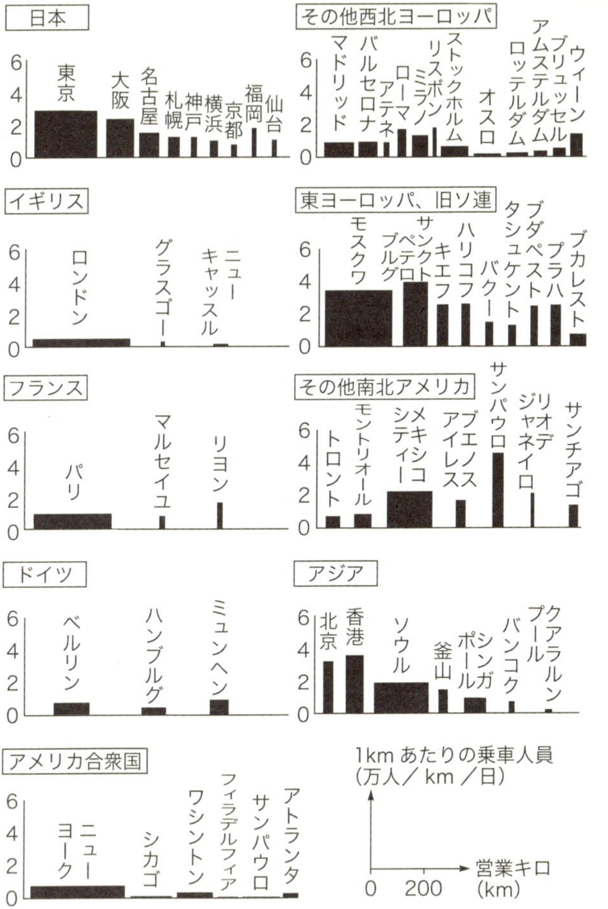

図1-19　世界の都市鉄道の輸送状況

利用者数（四角形の高さ）と総延長（四角形の横幅）を示したものだ。四角形が縦に長いほど輸送密度が高いことを示している。データは10年ほど前のもので古いが、経済発展著しいアジア諸都市を除けば、おおまかな傾向は現在もそう変わらないだろう。

これを見ると、輸送密度がロンドン・パリ・ニューヨークで比較的低く、東京と旧ソ連のモスクワで極端に高いことがわかる。モスクワでは、地下鉄が全交通量の57％という高いシェアを持っている。いっぽう東京は、都心から半径50km圏内に日本の人口の3割が住んでいるという過密都市であるため、輸送密度はモスクワと同じぐらいで、欧米の主要都市にくらべて高く、冒頭で述べたように利用者数は世界一を誇っている。

10年ほど前と現在のデータで大きく異なるのは、アジア諸国の輸送状況だ。たとえば、経済発展著しい中国の上海では、地下鉄の総延長が東京を超えてすでに400kmを突破し、さらなる延伸も計画されている。ただし、地下鉄ができる前の上海では、日本のJRや私鉄に相当する郊外路線がほとんどなかったので、都市全体の鉄道の規模が東京を超えたとは言い切れない。

深い場所にある旧ソ連の地下鉄駅

モスクワなど旧ソ連の都市の地下鉄には、内装が宮殿のように豪華な駅や、極端に深い場所に位置する駅がある。地下深い駅が多いのは、アメリカと冷戦状態にあった旧ソ連時代に、核攻撃に備えたシェルターとしての役割を持た

せるよう設計されたからだ。

日本でいちばん深い場所にある地下鉄の駅は、都営地下鉄大江戸線の六本木駅で、いちばん深い1番ホームが地下42mの位置にある。

世界でいちばん深い場所にある地下鉄の駅は、ロシア第2の都市であるサンクトペテルブルク（旧・レニングラード）のアドミラルティスカヤ駅（2011年開業予定）で、地下105mのところにある。これは、サンクトペテルブルクの街が湿地帯を干拓してつくられたため地下水が多く、浅い場所に地下鉄をつくるのが困難だったことも関係している。なお、サンクトペテルブルクの地下鉄には、世界でもとくに優美な装飾を施した駅があることでも知られている。

第2章

地下鉄ネットワーク

都営三田線

世界の地下鉄の中でもっとも多くの人を運ぶ東京の地下鉄。それは2団体が運営する13路線で構成されており、路線図を見るとそれぞれの路線が複雑に絡み合っている。このようなネットワークはどのようにしてつくられたのだろうか。

2-1 なぜ東京には地下鉄が2種類あるのか

地下鉄は公営が多い

東京の地下鉄は、株式会社が運営する東京メトロと、東京都が運営する都営地下鉄の2種類がある。1都市で民営と公営の地下鉄が混在する世界的に珍しい例だ。

日本の地下鉄は、東京メトロの路線を除きすべて公営であり、市や都の交通局が計画・建設・運営している。海外でも、地下鉄は公営が多い。ロンドンやパリのように、路線バスを含む都市のほとんどの公共交通機関を一つの公共団体が一括管理している都市もある。

第1章でもふれたように、ロンドンで誕生した最初の地下鉄は民営だった。その後路線が増えるごとに地下鉄に参入する会社が増えたため、一時期はロンドンの地下鉄が6つの民間企業によってバラバラに運営されていた。これでは乗り換えなどが不便で、利用者にとって不都合な点が多いため、1933年に統合されて公営となった。同様の例は、ニューヨークなど海外の複数の都市で見られる。

その意味では、東京は珍しい都市だ。民営と公営の地下

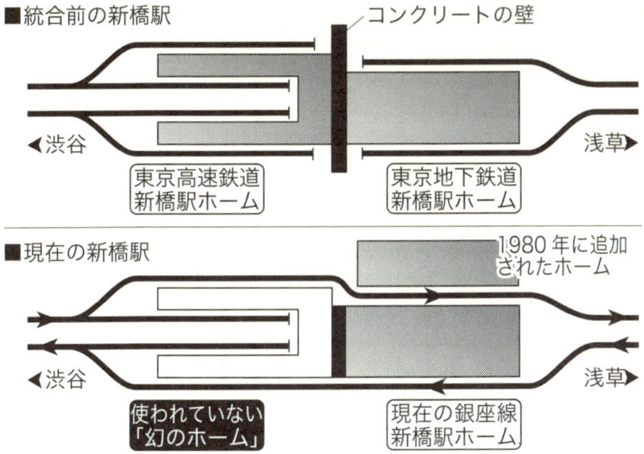

図2-1　銀座線新橋駅の「幻のホーム」

鉄が混在することになった背景には、少し複雑な歴史があった。

「幻のホーム」が語る東京の地下鉄の歴史

東京の地下鉄の複雑な歴史は、現在の東京メトロ銀座線新橋駅に残る「幻のホーム」（図2-1）が物語っている。

もともと銀座線（浅草-渋谷間）は、浅草-新橋間を東京地下鉄道、新橋-渋谷間を東京高速鉄道が建設したため、コンクリートの壁で仕切られた2つの新橋駅が存在した。のちにこの壁が除去され、相互直通運転が行われたのだが、経営方針をめぐって2社が対立した。そこで国は、地下鉄運営を一元化するため、1941年に2社を統合して、特殊法人である営団地下鉄（帝都高速度交通営団）を発足

させた。これにより行き止まり式だった渋谷側の新橋駅ホームが使われなくなり、「幻のホーム」と呼ばれるようになった。

戦後の東京の地下鉄は、当初営団地下鉄によって建設・運営が行われたが、営団地下鉄だけで建設を進めることが資金的に難しくなった。東京に人口が集中して輸送需要が急増し、地下鉄建設が急がれたからだ。そこで東京都が地下鉄事業に参入して、営団地下鉄と都営地下鉄という2種類の地下鉄が存在することになった。さらに、2004年には、営団地下鉄が民営化されて東京メトロ（東京地下鉄）が発足したため、民営と公営の地下鉄が混在することになった。東京メトロは、株式上場を予定しているが、現段階（2011年1月）では株主が国と都だけなので（出資比率は53.4％と46.6％）、完全な民間会社ではない。なお、東京メトロと都営地下鉄を統合して一元化する動きもある。

2-2　ネットワークはどうつくられたか

路線図に見る不思議

東京の地下鉄路線図は複雑だ。改めて見ると、なぜこうなったのかと不思議に思うところもある。だが、これはただ人が集まる点を線で結んだ結果ではない。路線のルートはもちろん、複数の路線が接続する乗換駅の位置にもそれぞれ理由がある。

こうしたネットワークはどのようなことを考慮して構築

されてきたのだろうか。他の都市の地下鉄にも共通する一定の法則性や一般の鉄道やバスとの連携も含めて紹介しよう。

ルートを決める条件

地下鉄のルート検討では、以下のような条件が考慮されている。これらの条件は、複数の地下鉄路線でネットワークを構築したり、他の交通機関と連携を図るうえでも、満たすことが求められる。

(1)　駅の混雑を緩和するため乗換駅を分散させる

(2)　乗換駅を多く設け、1回の乗り換えで各系統に連絡できるようにする

(3)　既存の地上の鉄道（JRや私鉄）に連絡する

(4)　列車の運行効率を高めるため都心部を貫通する（終点を都心部につくらない）

(5)　住宅地域と都心部とを最短時間で結ぶ

(6)　沿線や路面交通からの利用者を吸収できるように幹線街路に沿う

(7)　副都心やそのほかの主要箇所を通る

(8)　将来の都市の拡大に対応する

東京の地下鉄路線図を見ると、たしかに乗換駅が分散しているし、都心部に終点がない路線も多い。JRや私鉄では行けない銀座・霞ケ関・永田町・六本木などの街にも、郊外とつながった複数の路線でアクセスできるようになっている。

他の都市の地下鉄でも、同じことがいえる。

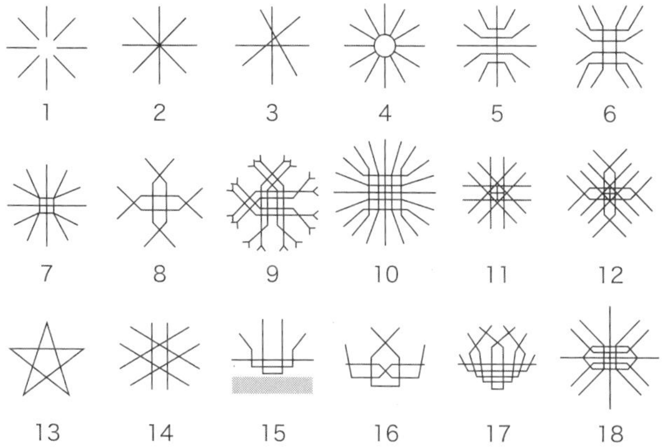

図2-2　地下鉄ネットワークのパターン

ネットワークのパターン

東京の地下鉄ネットワークは、1本の路線から始まったが、都市における人の流れは、必ずしも一方向ではない。都市全体の交通を整備するには、複数の路線をつくり、多方面から都心部にアクセスできるようにする必要があるので、路線が絡み合うネットワークが構築される。

地下鉄のネットワークは、人の流れや地理的条件によって決まるため、都市ごとに異なるが、その形状を整理すると、図2-2のようなパターンがある。図2-3は、同じように単純な線で描いた日本と海外の主要都市の路線図だ。この2つの図をよく見ると、似たものが存在する。

現在の東京の地下鉄ネットワークは、見た目は規則性に準じているようには思えないが、部分的に見ると15に似

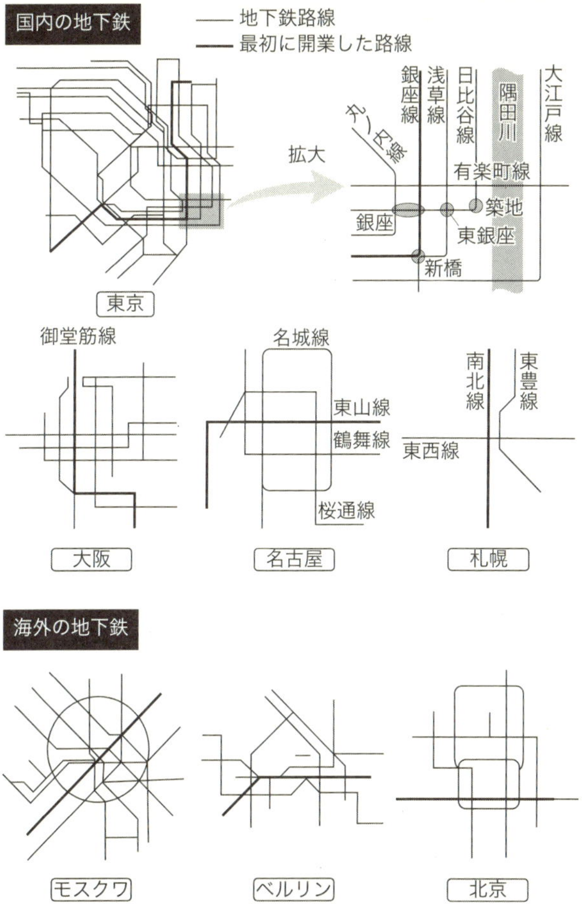

図2-3　主要都市の地下鉄ネットワーク

たところがある。江戸時代に水運とともに栄えた銀座付近の市街地では、隅田川と平行に銀座線と日比谷線が通っており、それぞれ新橋と築地で直角に曲がっており、15に似ている。15は、もともと半円形に広がる都市において1回の乗り換えで各線に連絡するように考えられたものだ。

国内の他の都市も見てみよう。3は、乗換駅の混雑を緩和するため都心部で路線の交点をずらしたものであり、3路線しかなかったころの名古屋に似ている。名古屋市高速度鉄道建設史には、実際に3を参考にしたという記述がある。

5は大阪に近い。市街地を南北に縦断する御堂筋線に対して東西に横断する中央線や千日前線がある点が似ている。5を改良した7は、ベルリンのために考案されたものだが、現在のベルリンの路線図はもっと複雑になっている。

すべての都市の地下鉄路線図が図2-2のパターンに完全に当てはまるわけではないが、乗り換える回数を減らし、乗換駅を分散させるという考え方は反映されている。

駅の間隔にもあるパターン

ネットワークの形状だけでなく、駅の間隔にもパターンがある。

東京の地下鉄は、総延長が304.1kmで、285（同一駅を含む）の駅があるため、駅間の平均距離は約1.1kmだ。バスや路面電車の停留所（0.3～0.5km）よりも間隔が長いのは、列車の速度を向上させ、所要時間を短縮するため

だ。

一般的に日本の地下鉄では、駅間の目安が都心部で0.7〜1.0km、郊外では1.0〜1.6kmとされている。人口密度の高い都心部のほうが短いのは、利用者の利便性を高めるためだ。たとえば、東京メトロ丸ノ内線の新宿 - 新宿三丁目間は、新宿の地下街と一体化しており、わずか0.3kmと短い。これに対して都営新宿線の東端部分にあたる本八幡 - 篠崎間は、地下鉄の1駅間としては長く2.8kmも離れている。需要に応じて駅間が変わるのだ。

海外の地下鉄では、日本よりも駅間を短くした例がある。たとえばパリの地下鉄「メトロ」は、路面電車の立体化を目的として建設されたため、都心部で駅間が0.3kmほどと短く、新宿 - 新宿三丁目間と同じような短い駅間が多数存在する。これが要因となって、世界的に珍しいゴムタイヤ式地下鉄が生まれ、「メトロ」とは別に駅間が長い急行地下鉄「ＲＥＲ《エールウエール》」がつくられた。ゴムタイヤ式地下鉄の詳細は、第7章で説明することにしよう。

車庫からはじまるネットワーク

東京の地下鉄には、日比谷線や都営三田線などのように、都心よりも郊外から先に開業した例がある。その目的は車庫の確保だ。車庫は、電車の点検・整備を行う場所（写真2 - 1）であり、安全に列車を走らせるうえで鉄道に欠かせないものである。

地下鉄では、車庫の確保が難しい。東京のように地下鉄を必要とする都市は、もともと人口密度が高くて建物が密

写真2－1　車庫の検車場（都営志村車両検修場）

集しており、都心になるほど地価が高いため、適した敷地を見つけにくい。また、地下鉄は保有する電車の数が多いため、それらを留置できる広さの敷地を確保するのが難しい。そこで、比較的用地の確保が容易な郊外に大規模な車庫を建設し、そこから路線を延伸させて都心に到達させる方法がとられる。

車庫は沿線の地上にあることが作業上好ましいが、東京では郊外でも用地確保が困難で、やむをえず地下に設けた例もある。たとえば、都営大江戸線の車庫は、練馬区の光が丘公園と江東区の木場公園の地下にある。南北線の車庫は、北区の神谷堀公園の地下にある。

他社の郊外路線に設けた例もある。半蔵門線は沿線に車庫が確保できなかったため、川崎市の鷺沼に車庫を設け

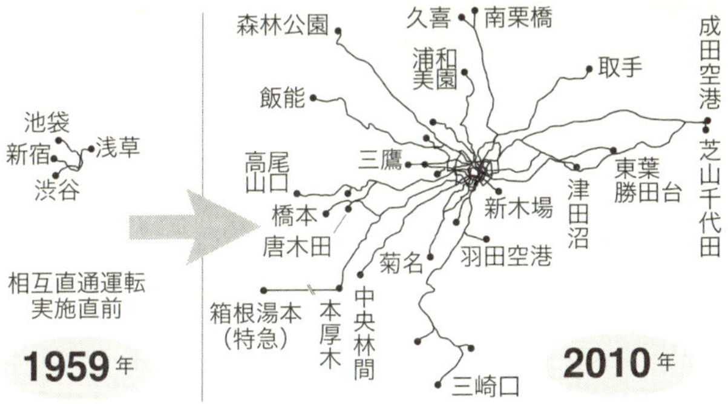

図2-4　東京都心から地下鉄で乗り換えなしで行ける範囲（臨時列車も含む）

た。ここは東急田園都市線沿線であり、半蔵門線とは線路でつながっている。

東京で盛んな直通運転

東京の地下鉄は、郊外鉄道との直通運転（乗り入れ）が盛んであり、13路線中10路線で実施されている。国内では、大阪・名古屋・京都・神戸・福岡でも実施例はあるが、世界的に見ても、東京ほど直通運転を実施している都市は珍しい。

直通運転とは、2社以上の路線にまたがって列車を運転することを指し、他の鉄道との連携を高める手段の一つだ。乗り換えの手間をなくすことで、所要時間の短縮や駅の混雑緩和を図ることができる。2社以上の列車が互いに乗り入れることを、相互直通運転（相互乗り入れ）と呼び、一社の列車がもう一社に一方的に乗り入れることを片

写真2－2　路面を走る地下鉄乗り入れ列車（京阪浜大津駅付近）

方向直通運転（片乗り入れ）と呼ぶ。地下鉄の場合は相互直通運転がほとんどである。

図2－4は、東京都心を通る直通列車が走っている区間を示したもので、地下鉄と直通運転していない私鉄や第三セクター鉄道の路線は除外してある。相互直通運転実施直前（1959年）と現在（2010年）で比較すると、都心から乗り換えなしで行ける範囲が大幅に広がっているのがわかる。

これは、第1章で紹介した長距離通勤者が多いという東京の特殊性と大きく関係している。東京でこのような直通運転が行われるようになったのは1960年からで、都営浅草線と京成電鉄との間で相互直通運転が行われたのがはじまりだ。

片方向直通運転の例としては、京都市営東西線と京阪電気鉄道京津線があり、京阪の列車が一方的に地下鉄に乗り入れている。なお、京津線には路面区間もあるため、同じ列車が地下鉄も路面も走る（写真2－2）。

バスとの連携

東京では、地下鉄以外にバスも都市交通の一端を担っているが、地下鉄とバスの連携はほとんど行われておらず、それぞれが独立して存在している。長らく各交通機関が別々に整備されてきたからだ。

近年は欧米にならい、それぞれの長所を生かしながら総合的に都市交通を整備する試みが行われている。たとえば東京以外の国内都市では、郊外の地下鉄駅にバスターミナルを併設した例が多い。郊外のバス路線を地下鉄駅に集約し、都心部に移動する人に地下鉄の利用を促すためだ。

京都市や仙台市では、バスターミナル設置に加えて、バスと地下鉄の乗り継ぎ割引を実施している。これら2都市は、拠点駅（京都駅・仙台駅）にバス路線が一極集中していたため、それらを整理し、乗客を地下鉄に転移させる目的がある。

仙台市では、地下鉄の郊外区間にバス乗継指定駅を設け、渋滞が起きやすい都心に流入するバス路線を減らしている。

なお、バスだけでなく、乗用車と地下鉄の連携も実施されている。仙台市では2004年からパークアンドライドとの本格的な連携、東京都ではモデル事業として2009年からカーシェアリングとの連携が実施されている。

2-3 東京に複数存在する地下鉄の規格

なぜ路線ごとに電車の種類を変えたか

東京の地下鉄では、路線ごとに異なる種類の電車が走っている。たとえば銀座線は01系、都営大江戸線は12－000形と呼ばれる電車が走っている。こうしたことは日本では珍しくないが、海外から見れば特殊だ。ロンドンやパリ、ニューヨークなど多数の路線を持つ地下鉄では、複数の路線で同じ種類の電車が走っているほうが一般的だ。日本でも、大阪では御堂筋線を含む5路線で同じ種類の電車（20系）が走っている。同じ電車を複数の路線で使用したほうが、運用やメンテナンスなどで効率的であることは、容易に想像できる。

ではなぜ東京では、路線ごとに電車の種類がちがうのか。それは、路線ごとに規格を変えたからだ。東京では、銀座線や丸ノ内線、そして都営大江戸線のように、地下鉄単独で規格を決めた例もあるが、郊外路線と直通運転を実施する路線では、乗り入れ先路線にあわせて規格を細かく変更した例が多い。これが、東京の地下鉄に多くの規格が混在する要因となったのだ。

規格にはどのようなものがあるのか。おもなものを紹介しよう。

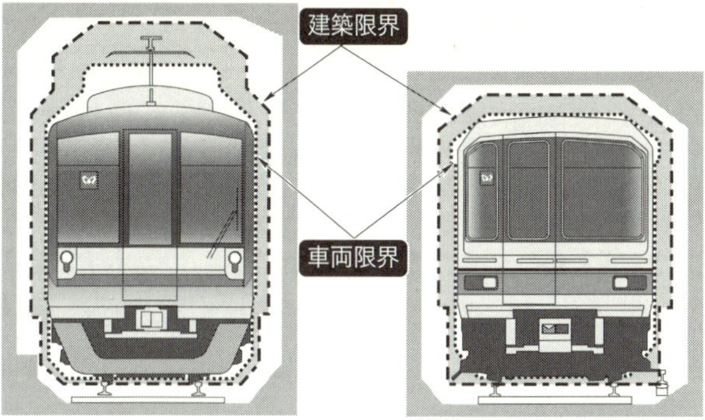

架線方式
（東京メトロ副都心線）

第三軌条方式
（東京メトロ銀座線）

図2－5　車両限界と建築限界

車両限界と建築限界

第1章で紹介したように、銀座線と副都心線の電車は大きさが異なる。副都心線よりも銀座線のほうが電車の幅（最大幅）が狭く、電車の高さ（最大高さ）も低い。これは、車両限界や建築限界（図2－5）と呼ばれる規格のちがいだ。車両限界は、これより外に出てはならないという車両断面の最大範囲で、建築限界は、建築物がこれより内側に入ってはならないと定めた範囲だ。車両限界と建築限界の間に余裕を持たせてあるのは、車両と線路設備が接触するのを防ぐためだ。断面が円形の単線シールドトンネルでは、写真2－3のようになっており、トンネルの壁はもちろん、信号機などを含めた線路設備がすべて建築限界の

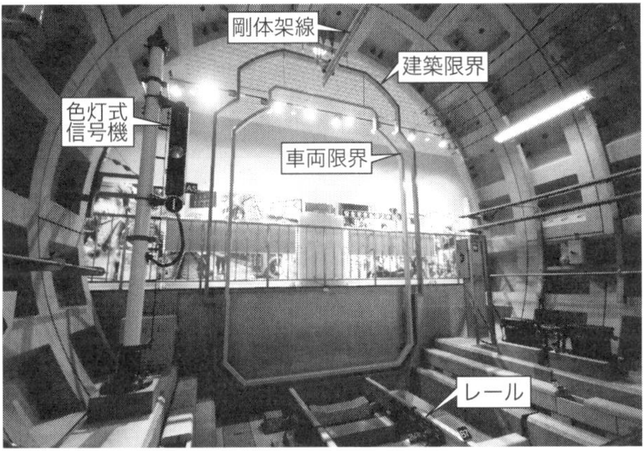

写真2-3　単線シールドトンネルの実物大模型（地下鉄博物館）

外側に位置するように配置される。

銀座線の車両限界や建築限界が副都心線のものより小さいのは、トンネル断面を小さくして建設費を安くする工夫だ。銀座線で小柄な電車が使われているのはこのためである。丸ノ内線でも似た大きさの電車が走っているが、最大幅は銀座線より約20cm広い。

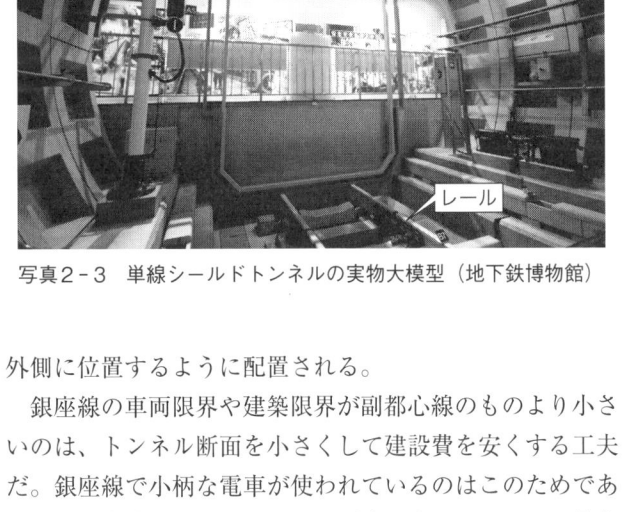

副都心線は、既存の郊外路線との直通運転を実施するため、車両限界や建築限界を郊外路線とそろえた。そのため、電気を取り込むパンタグラフが通過する空間を屋根上に確保しなければならず、建築限界の高さが高くなっている。

なお、都営大江戸線は、これらとは異なる特殊な車両限界や建築限界を採用しているが、くわしくは第7章で説明

する。電車の長さ（最大長さ）にも種類があるが、これは第6章で述べる。

軌間（ゲージ）

左右のレールの間隔である軌間（ゲージ）も規格の一つだ。東京の地下鉄で使われている軌間は、狭軌（1067mm）、標準軌（1435mm）、馬車軌間（1372mm）の3種類がある。直通運転する路線の多くは、狭軌を採用している。関東では、狭軌の郊外路線が多いからだ。

直通運転する狭軌以外の路線には、都営浅草線と都営新宿線がある。

都営浅草線は、京浜急行電鉄（京急）と京成電鉄（京成）と相互直通運転を行っており、京急の規格にあわせて標準軌を採用した。京成はもともと馬車軌間を採用していたが、相互直通運転を実施するにあたり、大規模な改軌工事を実施し、全路線の線路を標準軌に改めた。

都営新宿線は、国内で唯一の馬車軌間の地下鉄であり、相互直通運転する京王電鉄にあわせて採用した。路線の東端にあたる本八幡駅では、JR（狭軌）と京成（標準軌）に接続しているが、それぞれ軌間が異なるため、最初から直通運転をする構造にはなっていない。

集電方式

電車が動くためには、外部から電気を取り込む必要があるが、電気の取り込み方にも規格があるため、その規格にあった電車しか走ることができない。

写真2-4　架線方式と第三軌条方式（上：架線方式の仙台市営南北線　下：第三軌条方式の大阪市営中央線）

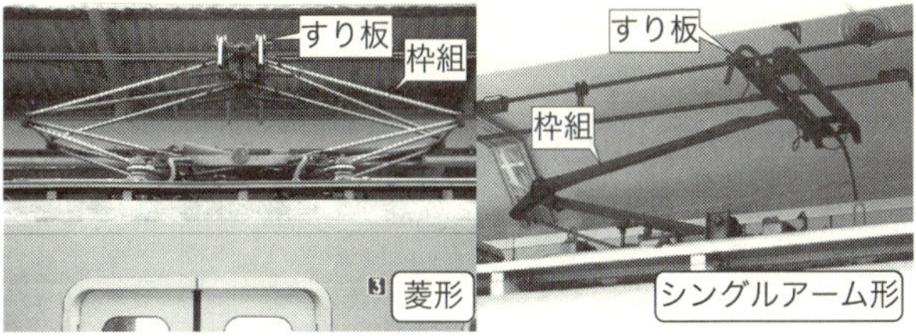

写真2-5　パンタグラフ

電気を取り込む方式は集電方式と呼ばれる。東京の地下鉄をはじめ、日本の地下鉄では、架線方式と第三軌条方式（写真2-4）という2種類の集電方式が使われている。

架線方式は、線路の上に張られた架線（架空電車線）に電気を流す方式だ。電車の屋根に置かれたパンタグラフが、架線に接触して電気を取り込む。パンタグラフは、長年菱形のものが使われてきたが、近年は「く」の字形をしたシングルアーム形が普及している（写真2-5）。

第三軌条方式は、線路に敷かれた第三軌条（サードレール）に電気を流すという方式だ。第三軌条は、車輪が走行する2本のレールとは別に敷かれた給電専用の3本目のレールだ。絶縁のため、碍子《がいし》の上に置かれている。電車の台車側面に付けられた集電靴（写真2-6）は、第三軌条に接触して電気を取り込む。

一般の鉄道では架線方式が標準なので、既存の郊外路線と直通運転する地下鉄では基本的に架線方式が導入されている。地上区間では、架線として、パンタグラフと接触するトロリ線をちょう架線で吊ったカテナリ架線が使われている（写真2-4上）。地下区間では、都営浅草線のように

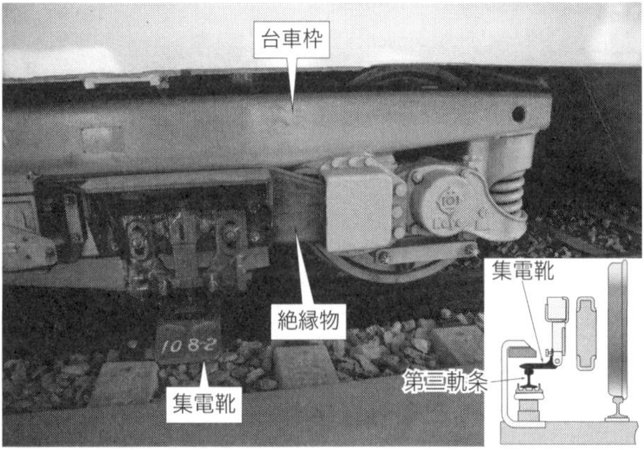

写真2-6　集電靴（名古屋市営100形）

カテナリ架線を採用した例もあるが、剛体架線（剛体電車線）の採用例が多い。剛体架線は、パンタグラフと接するトロリ線を細長い導体形成材で固定したもので（写真2-7）、トロリ線が切れるのを防ぎ、保守を容易にするという利点がある。

車両限界や建築限界は、電車の屋根上の空間に余裕が必要な架線方式のほうが大きくなる。一方の第三軌条方式は、トンネルの天井を電車の屋根に近い高さまで下げられるため、トンネルの断面積が小さくできる。建設費の縮減が可能だが、既存の郊外路線とは直通運転ができなくなる。既存の郊外路線のほとんどは、架線方式を採用しているからだ。

ただし、大阪市営地下鉄では、第三軌条方式で郊外路線

写真2-7　剛体架線（名古屋・市営交通センター）

と直通運転する路線がある。北大阪急行電鉄に乗り入れる御堂筋線や、近鉄けいはんな線に乗り入れる中央線だ。これらの直通運転が実現したのは、地下鉄が先に建設され、郊外路線が地下鉄に乗り入れるためにあとから建設されたためだ。郊外路線が集電方式を地下鉄にあわせた例である。

第三軌条方式は、日本の地下鉄では東京・大阪・名古屋・札幌・横浜の初期に開業した路線で採用されている。海外では、ロンドンやパリ、ベルリン、ニューヨークなど多くの都市の地下鉄で使われている。

ロンドンでは、第四軌条方式というものが存在する。車輪が走行する2本のレールとは別に、直流電気のプラス極とマイナス極に相当する2本のレールが敷いてある（写真

写真2－8　第四軌条方式（ロンドン地下鉄）

2－8)。なお、架線方式と第三軌条方式では、架線と第三軌条がプラス極、走行用のレールがマイナス極となっている。

電気方式

架線や第三軌条に流す電気にも種類がある。日本の地下鉄で使われている電気は、すべて直流である。電圧は、架線方式で1500V、第三軌条方式で600Vまたは750Vである。架線方式の電圧が高いのは、線路に立ち入った人が触れて感電する可能性が低く、安全性が高い構造だからだ。

信号保安装置と列車無線

列車の安全運行に欠かせない信号保安装置や列車無線にも種類がある。鉄道会社ごとに異なる種類を採用している

例が珍しくないため、直通運転を行う場合は、信号保安装置や列車無線の種類を郊外路線にあわせる必要がある。信号保安装置については、第5章でくわしく説明する。

東京メトロの3路線（千代田線・有楽町線・南北線）は、一部でトンネルがつながっており、規格に共通点が多いため、電車が双方の線路を走れるようになっている。車庫の設備を共有して電車の点検・整備を効率よく行うためだ。にもかかわらず、異なる電車を走らせているのは、乗り入れる郊外路線の信号保安装置と列車無線の種類が異なるなど、細かい規格に相違点があるからだ。

第3章

地下鉄をつくる

シールドマシン模型（地下鉄博物館・過去の展示物）

地下鉄の建設は、一般で思われている以上に規模が大きい。本章では、近年の実例を交えて地下鉄がどのようにしてつくられるかを紹介する。

3-1　副都心線の建設

開業後はわからない建設過程

東京で建設された最後の地下鉄が副都心線である。開業日である2008年6月14日の朝5時前、副都心線新宿三丁目駅のE1出入口のシャッターが開いた。階段を下りた先には改札口に続く通路があり、壁や天井は白の化粧板、床はタイルが貼られてピカピカだった。

ちょうど1年前、筆者は同じ入り口から地下に入り建設中の取材を行った。そのときは、階段に段がなく、コンクリート斜面に仮設の階段が設けられていた。通路はコンクリートむき出しでほこりっぽく、「ガンガン」「ガー」といったハンマーや電動工具の音が響いていた。どこを向いても、歩いているのはヘルメット姿の作業員ばかりだった。

写真3-1は、同じ場所を撮影した開業前と開業後の写真である。まるで別の空間のようだ。

東京スカイツリーを超える地下鉄の規模

副都心線（13号線）の池袋-渋谷間は、2001年の工事着手から7年、1972年に13号線が計画されてから36年という長い時間を要して開業した（表3-1）。地下鉄建設に

開業1年前　　開業直後

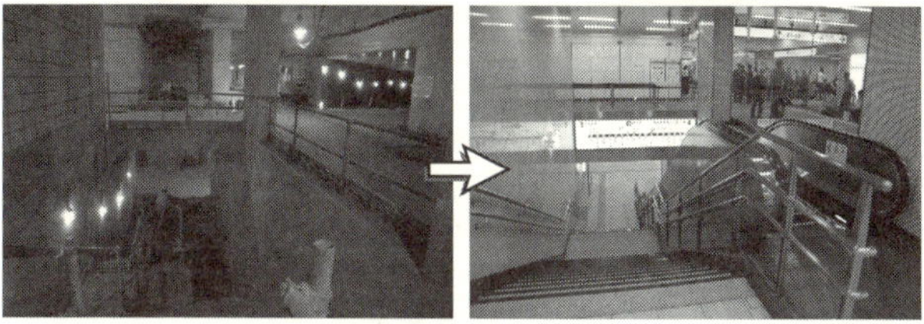

▲甲州街道真下の階段

▲新宿三丁目交差点付近の階段

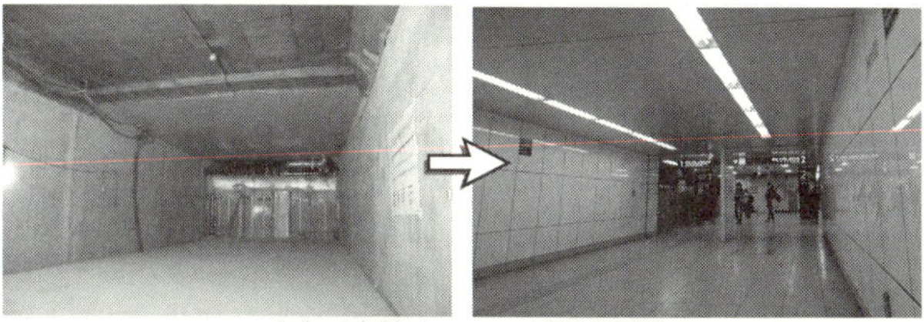

▲丸ノ内線ホームへの連絡通路

▲ホーム階と改札階をつなぐ吹き抜け

写真３-１　副都心線新宿三丁目駅の変化

	1972年3月1日	都市交通審議会答申第15号で13号線計画が追加される
計画	1999年1月25日	鉄道事業免許取得
	2001年3月30日	工事施工認可
	2001年6月15日	工事着手（着工）
	2007年12月5日	東新宿駅でレール締結式
工事	2008年6月13日	新宿三丁目駅で開業記念式典
	2008年6月14日	開業

表3－1　副都心線池袋－渋谷間のおもな建設史

はきわめて長い時間がかかる。地下鉄の規模があまりに大きく、工事やその準備に長い時間を要するからだ。

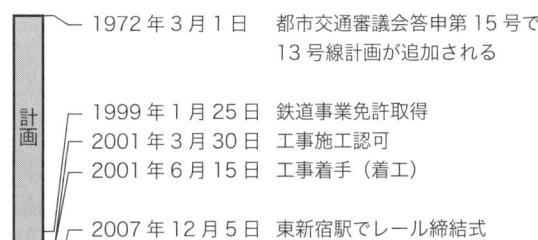

地下鉄の建造物としての規模はどのくらいなのだろうか？　それは、建設中（2010年12月現在）の東京スカイツリーとくらべるとよくわかる。東京スカイツリーは、ご存知のとおり完成すれば世界一高い電波塔となるもので、高さは634m、建設費は400億円だ。これに対して、副都心線池袋－渋谷間の長さは約8.9km（8900m）であり、建設費は約2500億円（車両関連含む）と東京スカイツリーの約6倍にものぼる。だが、この区間は、304.1kmに及ぶ東京の地下鉄ネットワーク全体のわずか3％にすぎない。

東京スカイツリーは、背が高くなる過程があらゆる場所から見えるので、規模は見た目ですぐわかる。だが、地下鉄の建設過程は見えない。地下では大きさの比較対象になるものがないので、駅やトンネルの規模が把握しにくい。地下鉄の建設現場の様子や規模が一般には知られていない

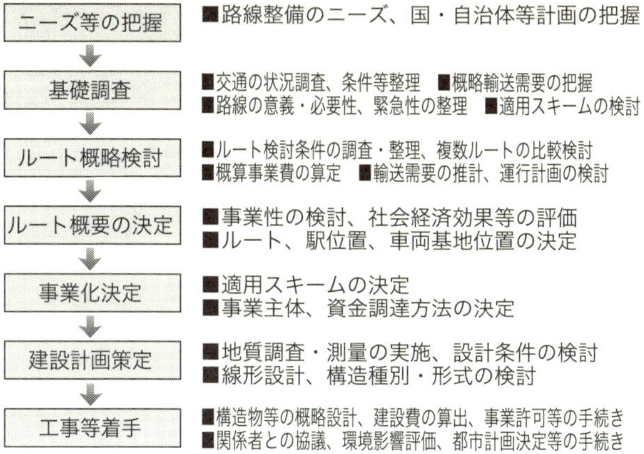

図3-1　地下鉄の工事前準備

のは、このためだ。

3-2　工事の概要

時間を要する理由

なぜ地下鉄の建設には時間がかかるのか。具体的に説明しよう。

もう一度表3-1を見てほしい。一般的に工事と呼ばれるのは、工事着手から開業までだ。工事着手よりも前は、図3-1に示すような工事前準備が行われる。

工事前準備では、まず基礎調査が行われる。道路や鉄道などの都市交通の状況を調査し、新しい鉄道を必要とする

要因を整理するのだ。他の交通手段と比較検討したうえで、地下鉄が適していると判断されれば、路線のルートや駅、車庫の位置などが検討され、計画案が絞り込まれ、資金調達方法などがまとまると事業化が決定される。

ルートになる現地では、着工準備として、地質調査や測量が行われる。これらの結果に基づいて工事方法が決まり、建設費が算出される。建設計画をまとめて国（国土交通省）や道路を管理する自治体に申請し、許認可が出れば、いよいよ工事がはじまる。

工事が反対されることも

地下鉄ができることは、多くの場合沿線住民から歓迎されるが、反対されることもある。用地買収の協議に時間がかかったり、地下鉄の騒音や振動が沿線に悪影響を及ぼすことがあるからだ。地下といえども、民地の下を通るときは地権者と協議して地上権設定をする必要があるが、協議がこじれて開業が遅れた例もある。

たとえば、営団（現・東京メトロ）半蔵門線の半蔵門－九段下間（1.6km）の工事は、沿線環境の悪化を理由に住民から反対されたことから一時期凍結された。用地問題が解決するまで、掘削するシールドマシンが地中で3年8ヵ月間もストップしたのだ。

工事の遅れは、開業時期を遅らせるだけでなく、建設費が膨らむ原因になる。このため、工事前に沿線住民や地権者などの関係者との協議や、環境影響評価が慎重に行われる。

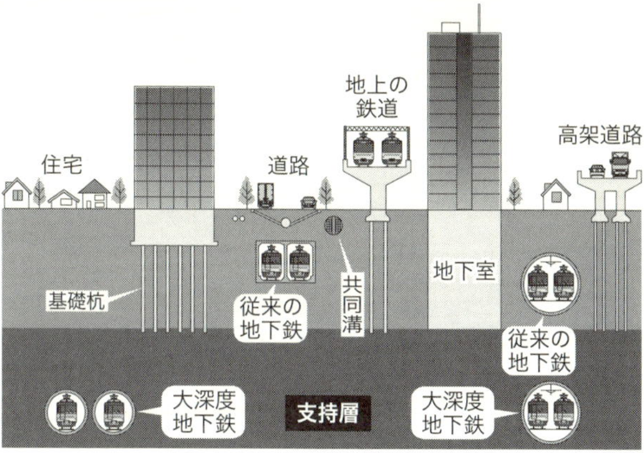

図3-2　大深度地下鉄

用地問題を解決する構想として、大深度地下と呼ばれる空間を利用した大深度地下鉄がある（図3-2)。大深度地下とは、通常使われることがない深い場所のことで、地下40m以下の空間、もしくは建築物を支える基礎杭の支持地盤から10m以上深い空間と定義されている。日本では、この大深度を鉄道や道路などの公共物建設のために有効利用できるとする法律が2001年に制定された。地下鉄建設を容易にする切り札になると期待されたが、現時点でこの法律を適用した大深度地下鉄は建設されていない。法制定の背景には、バブル景気の地価高騰があり、またインフラ整備を進める機運があったが、制定後は景気の低迷で地価が下落して、地下鉄整備の必要性も低くなったため、適用する機会がなかったのだろう。

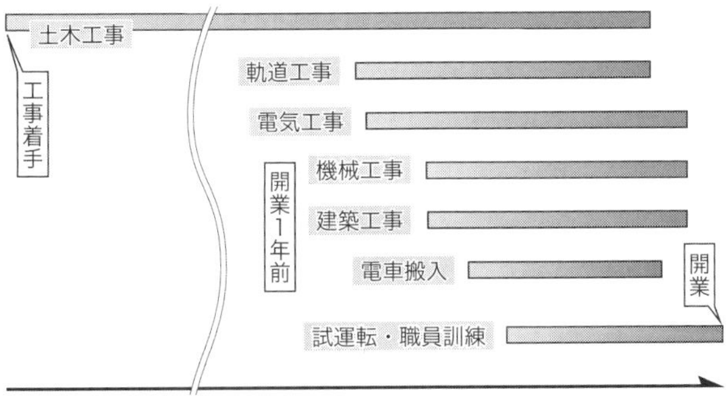

図3-3　工事着手から開業までの工程

最後の1年間で仕上げる

工事着手から開業までは、図3-3に示すようにさまざまな工事が行われる。

まず行われるのは、土木工事だ。地下鉄の基礎部分であるトンネルや高架橋、橋梁などをつくり、軌道の基礎となる路盤構築までを行う。時間と費用がいちばんかかる工事だ。

トンネルや路盤ができあがると、最後の1年ほどで地下鉄を仕上げる工事が行われる。

路盤にレールを敷設して（軌道工事）、全区間のレールがつながると、新聞などで報じられるレール締結式が行われる。これと並行して、架線の敷設、信号設備や指令システムを設置し（電気工事）、エレベーターやエスカレーター、自動改札機や自動券売機などの機械設備も設置し（機械工事）、駅構内の内装や出入口の建物（出入口上家）の

建設を行う（建築工事）。コンクリートの壁で囲まれた空間は、少しずつわれわれがふだん目にする地下鉄の姿になる。

電車の搬入は工事中に行われるが、さまざまな方法がある。線路を通じて搬入することもあれば、交通量の少ない深夜にトレーラーで搬送することもある。地上と地下を結ぶ立坑を設けて電車をクレーンで吊り下ろすこともある。大阪市営中央線では、初期開業区間の全区間が高架橋だったため、地上の道路から高架橋に電車を吊り上げたこともあった。

電車が搬入されると、試運転が実施される。線路の完成状況を確認するだけでなく、運転士の訓練も兼ねている。駅設備の仕上げとともに、運転士以外の職員の訓練も実施される。

国土交通省による監査や検査が無事終了すると、開業である。開業式は、開業日の当日か前日に行われる場合が多い。

工事予算と割合

地下鉄建設費は、物価などによって大きく変化してきた。図3-4は、名古屋市営における1kmあたりの建設費の推移だ。1974年の第1次オイルショック以降、建設費が急激に上昇しているのがわかる。1989年に300億円を突破したのは、JR名古屋駅との立体交差という難易度の高い工事を行ったことと、バブル景気で地価が高騰したことが関係している。同じ傾向は、国内の他の都市における地下

開業年月日	開業区間	1km あたりの建設費（億円）
1957.11.5	名古屋一栄	10.1
1960.6.15	栄一池下	11.0
1963.4.1	池下一東山公園	18.5
1967.3.30	東山公園一星ヶ丘	20.3
1965.10.15	市役所一栄	21.5
1967.3.30	栄一金山	
1969.4.1	星ヶ丘一藤が丘	16.1
	名古屋一中村公園	30.2
1971.3.29	金山一名古屋港	39.0
1971.12.20	市役所一大曽根	41.4
1974.3.30	金山一新瑞橋	47.3
1977.3.18	伏見一八事	86.6
1978.10.1	八事一赤池	102.3
1981.11.27	浄心一伏見	168.0
1982.9.21	中村公園一高畑	205.3
1984.9.6	庄内緑地公園一浄心	162.1
1989.9.10	中村区役所一今池	336.0
1993.8.12	上小田井一庄内緑地公園	273.3
1994.3.30	今池一野並	213.1
2004 年度	大曽根一新瑞橋	230.3

図3-4　1kmあたりの建設費（名古屋市交通局資料・2004年）
駅名は現在のもの

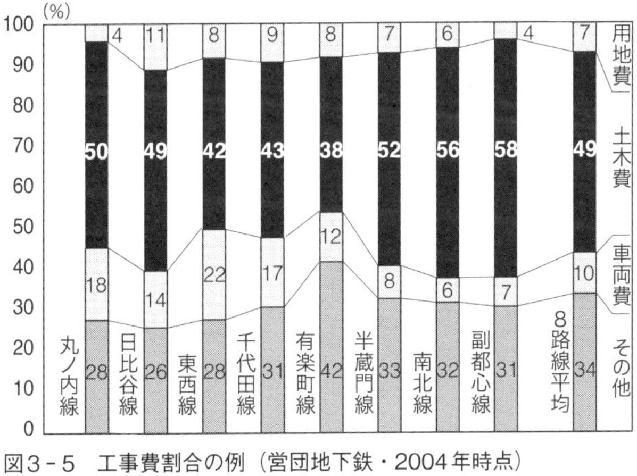

図3-5　工事費割合の例（営団地下鉄・2004年時点）

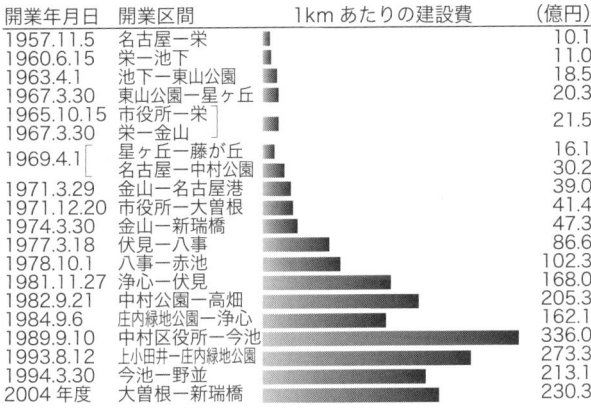

鉄建設費にも見られる。

図3－5は、営団地下鉄が民営化される直前の建設費内訳を示している。全体の建設費の約半分を土木工事費が占めているのがわかる。そのため、建設費節減のための工夫は、トンネル断面を小さくして土木工事費を節約するためのものが中心になる。

工法の決定

トンネルの工法選びは、土木工事費を大きく左右する。そのため、トンネルをつくる位置と使う工法は慎重に決定する。

工法の判断基準になるのが、地質縦断面図だ。図3－6は、副都心線池袋－渋谷間における垂直方向の地質分布を示した地質縦断面図である。既存や建設予定の地下埋設物や、他の地下鉄トンネルの位置も細かく記されている。

地質縦断面図を見れば、地盤が弱い場所や出水事故が起きやすい場所が予測でき、どの工法を使えば安全かつ効率よく工事を進めることができるかがわかる。

地質縦断面図は、現地でのボーリング調査の結果に基づいて作成する。ボーリング調査とは、垂直に円筒形の小さな穴を掘り、取り出された土壌のサンプルから地質分布を確認するものだ。沿線の複数箇所でボーリング調査を行えば、連続した地層を把握することができる。

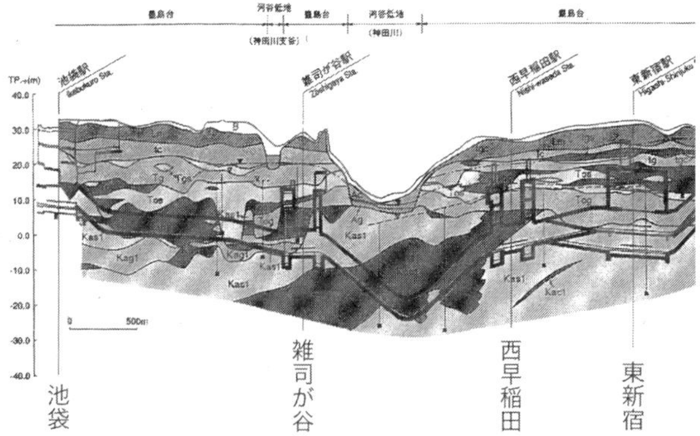

図3－6　地質縦断面図（東京メトロ副都心線池袋－渋谷間）

3-3　主要なトンネル建設方法

都市につくるトンネルの工法には、さまざまな種類がある（表3－2）。おもに使われるのは、これまでに述べてきた開削工法とシールド工法だ。工事の方法を具体的に説明しよう。

開削工法

開削工法は、地下鉄が誕生した当初から現在まで使われている歴史ある工法だ。

原理は、第1章でも説明したように単純だ。建設する部分の地面に溝のような穴を掘り、その底にトンネルをつくり、再び土をかけて埋めもどす。

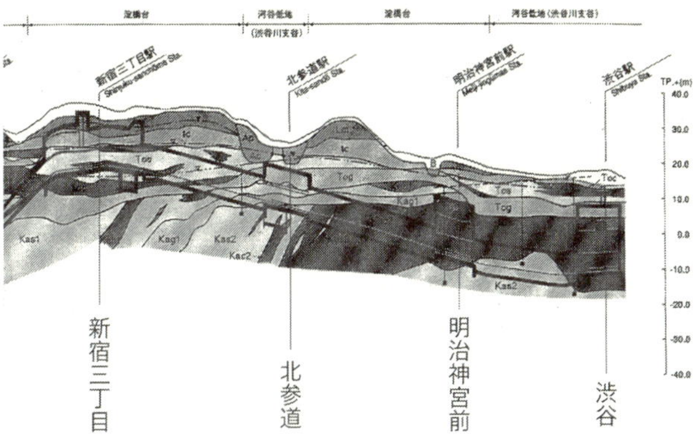

開削工法は、手法がシンプルで、工事にかかる時間が短くて費用が安くすむ。そのため、地面から浅い場所にトンネルをつくる工法としてよく使われているが、トンネルの位置が深くなるほど、移動させる土砂の量が増え建設費が高くなる。

- 一般的な工法
  - 開削工法
  - シールド工法
- 補助的に使う特殊工法
  - 山岳工法
  - 潜函工法
  - 沈埋工法
  - 凍結工法
  - アンダーピニング工法

表3－2　地下鉄トンネルのおもな工法

開削工法で建設した開削トンネルの断面形状には、アーチ形と箱形がある（図3－7）。どちらも大阪市営御堂筋線の初期開業区間（梅田－心斎橋間）で見られる。

アーチ形は、地盤から受ける力を分散するため天井が弧を描いている。ロンドンやパリなど、初期に建設された地

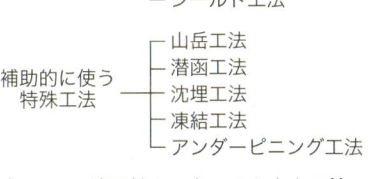

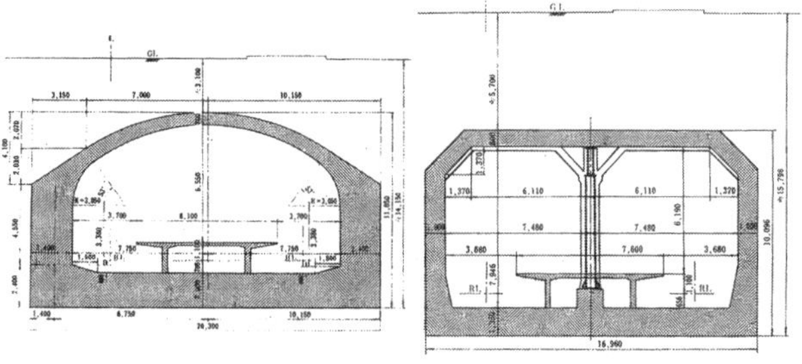

アーチ形
（淀屋橋駅）

箱形
（本町駅）

図3－7　開削トンネルの断面形状（大阪市営御堂筋線）

下鉄で見られる。箱形は、断面がほぼ四角形で、車両が通る空間だけくりぬいたような形をしている。天井が平らになっているのは、トンネル全体が強固な鉄筋コンクリートでできており、中間柱で下から支えられているからだ。

日本の地下鉄における開削トンネルは、ほとんどが箱形である。

現在の開削工法の手順

開削工法を使う代表的な例として、道路の真下にトンネルを建設する手順を図3－8にまとめた。写真は、東京メトロ副都心線の建設現場のものだ。

工事は、土留めのための杭打ちからはじまる。トンネルを建設する場所に深くまで杭を打ち、左右両側の地盤が崩れるのを防ぐ。

路面覆工《ふっこう》は、道路の舗装を除去した路面に、覆工板《ふっこうばん》を敷いて仮設の路面をつくる作業だ。覆工板は、覆工桁《ふっこうげた》と呼ば

れる鉄骨で下からしっかり支えられる。

埋設物防護は、道路の下にあるライフラインなどの埋設物が損傷しないように保護することだ。地中のパイプをワイヤーで吊るなどして、固定する。副都心線の工事は、埋設物がとくに混み合った場所で行われたため、埋設物保護がとくに難しかったそうだ。

所定の深さまで地盤を掘削したら、トンネルをつくる部分に鉄筋を組み（鉄筋工）、コンクリートを流し込んで固める（コンクリート打設）。トンネルができあがったら、上から土をかけて埋め戻し、杭や土留め板を除去する。

真上の道路では、覆工板を除去して路面を舗装し、元通りにする（路面復旧）。同時に保護した埋設物も戻す。

写真3-2は、2010年7月に撮影した開削工法の工事現場で、仙台市営東西線新設工事のものだ。上は、JR仙台駅前の交差点を上から見たもので、自家用車やバスが行き交う路面に、四角い覆工板が敷かれている。下は、一部の覆工板を開けた部分で、地下からホッパーを使って土砂をダンプトラックに運んでいる。

覆工板は、大きな資材や機械を出し入れするときにも開閉する。こうした作業は大掛かりなので、道路の交通量が少ない深夜に行われる。大都市では深夜でも交通量が多いこともあるので、工事が道路交通に支障を来すことがある。これが開削工法の大きな欠点とされる。

シールド工法

近年開業した路線で多用されているのがシールド工法で

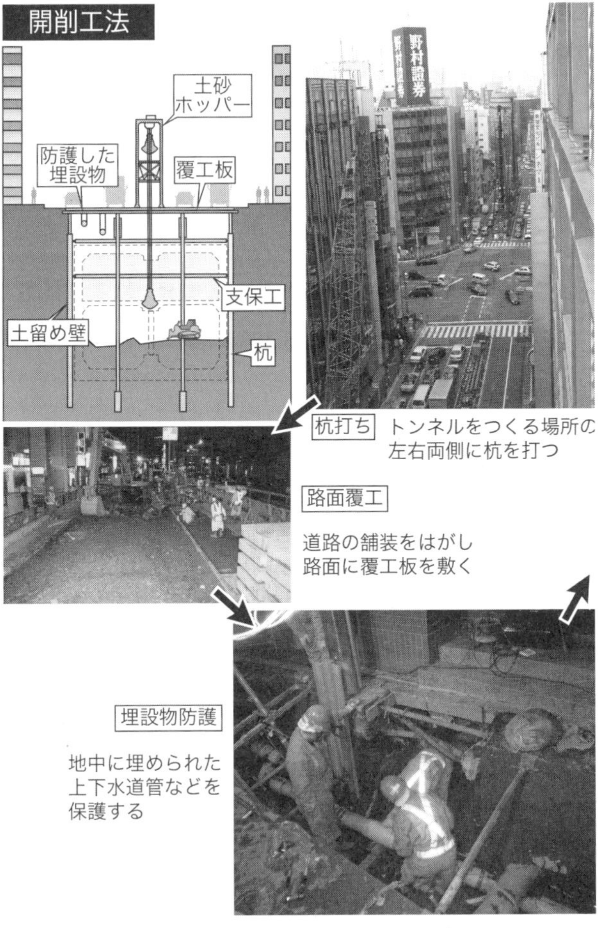

図3-8　開削工法の手順（写真提供・東京地下鉄）

掘削

所定の深さまで
掘る

鉄筋工

トンネルを
構築するため
鉄筋を組む

コンクリート打設

コンクリートを
流し込む

埋め戻し
路面復旧

できたトンネルを
土砂で埋め戻し
道路を元通りにする

（a）JR 仙台駅前交差点

（b）JR 仙台駅前バスプール付近

写真3-2　開削工法の工事現場

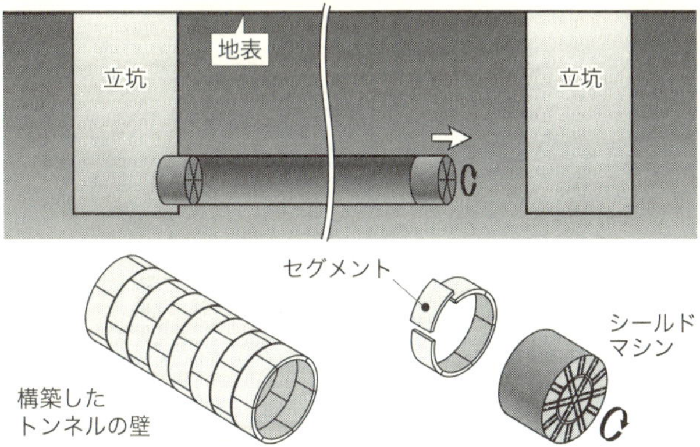

図3-9　シールド工法（イメージ）

ある。開削工法よりも地上への影響が少なく、開削工法が使えない場所にも使えるという利点がある。

地面から掘るのは、立坑と呼ばれる垂直方向に掘った穴だけだ。まず2ヵ所に立坑を掘り、一方の立坑からもう一方の立坑へとモグラのように横方向に掘削する（図3-9）。最前線に置かれるシールドは、切羽《きりは》と呼ばれる掘削面を支え、崩れるのを防ぐ装置だ。シールドは、掘削が進むたびにジャッキで前に押されて前進する。シールドの後方では、セグメントと呼ばれるブロックを組み立ててトンネルの壁をつくり、周囲の地盤を支える。掘削と壁の構築が同時に進むため、立坑に到達して貫通した時点でトンネルができあがる。

シールド工法では、開削工法が使えない民家やビルの真下にもトンネルが建設できる。道路への影響も少なく、日

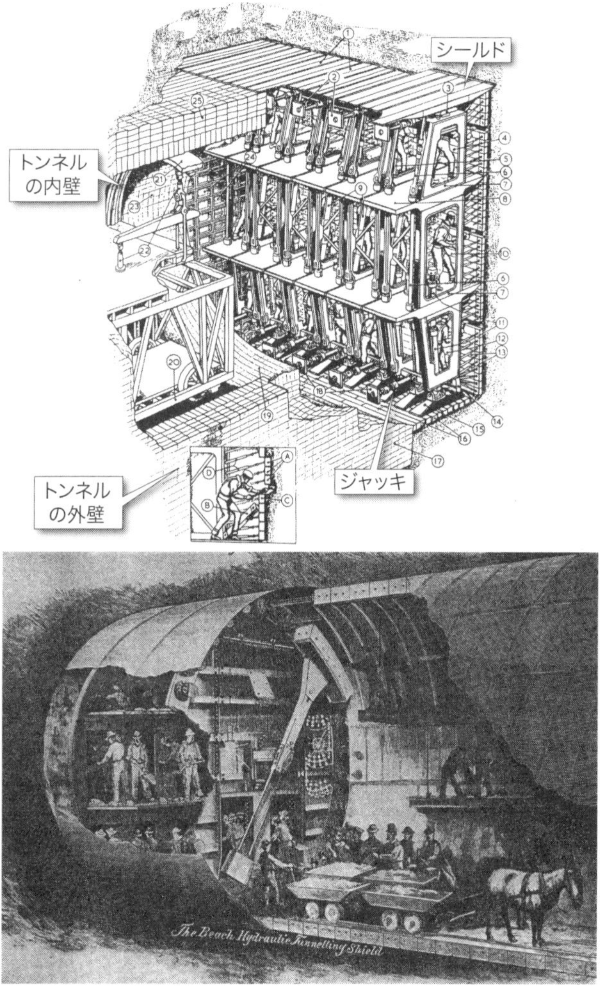

図3-10　手掘りシールド工法（上：テムズトンネル　1843年開通、下：セントクレアトンネル　1891年開通）

本の都市に多い軟弱地盤にも対応するが、特殊な装置を使うため、建設費は開削工法よりもかかる場合が多い。

シールド工法の掘削作業は、当初手作業だった。図3-10上は、第1章で紹介した「テムズトンネル」の工事の様子だ。切羽を支えるシールドは、36（縦3×横12）の部分にわかれており、それぞれ別々に地盤を板で押さえつけながら作業員が掘るようになっていた。シールドはジャッキによって切羽に押し付けるように支えられており、ジャッキの後ろ側ではトンネルを構築する作業が行われた。切羽の断面は四角形だが、できあがったトンネルの内壁はアーチ形になっているところが、現在のシールドトンネルと異なる。

図3-10下は、アメリカでの工事例で、川の下に建設され、1891年に開通した鉄道トンネル「セントクレアトンネル」の工事の様子だ。「テムズトンネル」と同様に、シールドに立って掘削する人が描かれているが、シールドもトンネルの断面も円形だ。所定の位置にセグメントを運ぶ天秤のようなエレクターも描かれている。

掘削作業は、のちにシールドマシンによって機械化された。図3-11は、ロンドンの地下鉄で使われたシールドマシンで、1960年代にヴィクトリアラインの建設で使われたものだ。円筒形をしており、前方には円盤状のカッターヘッド、後方には推進させるジャッキがある。カッターヘッドはモーターの力で回転するようになっており、先端のカッターが少しずつ削りながら掘り進むようになっている。

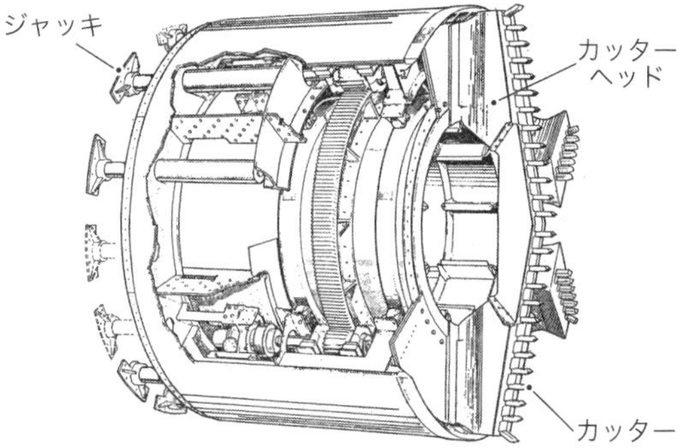

図3-11　シールドマシン（ロンドン地下鉄ヴィクトリアライン）

日本で使われたシールドマシンも、基本は円筒形だ（写真3-3)。カッターヘッドの構造は、種類によって異なる。掘削するスピードは、1日5～15mだ。

近年は、セグメントを組み立てる作業も機械化されている。

機械化された建設作業

図3-12に、シールド工法によるトンネル建設の手順を示す。この写真も、東京メトロ副都心線の建設現場のものだ。

シールドマシンは、重工メーカーで製造され、分解した状態で建設現場に運ばれる。部品は、クレーンを使って立坑から吊り下ろし、地下で組み立てられる。立坑には、開削工法を使って掘られた駅部分が使われることが多い。

立坑からシールドマシンが発進すると、掘削とセグメン

写真3-3　日本でのシールドマシンの例（DOT式実物・名古屋市営日進工場）

ト組立が同時に進められ、少しずつトンネルが構築される。セグメントは地上から搬送され、シールドマシン後方にあるエレクターで壁に組み込まれる。シールドマシンがもう一方の立坑に到達すると、再び分解されて撤去される。複線トンネルの場合、1駅間のトンネルを1基のシールドマシンで構築するのが一般的だ。単線トンネルを2本つくるときは、立坑の下でUターンして逆方向に発進し、もう1本のトンネルを構築してもとの立坑に戻ることもある。

シールド工法の種類

シールド工法には、さまざまな種類がある。切羽の安定方法で分類すれば、切羽を機械で密閉する密閉型と密閉し

シールド工法
シールドマシン
搬送
シールドマシンの
部品を立坑から
クレーンで吊り下す
組み立てた
シールドマシンを
発進させ掘り進む
シールドマシン
発進・掘進

図3-12　シールド工法の手順（写真提供・東京地下鉄）

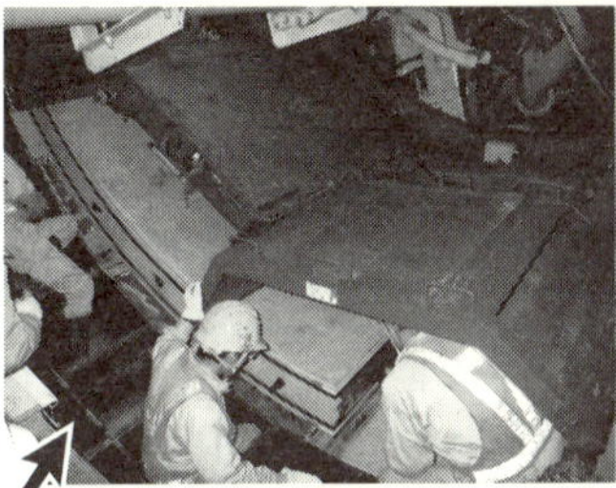

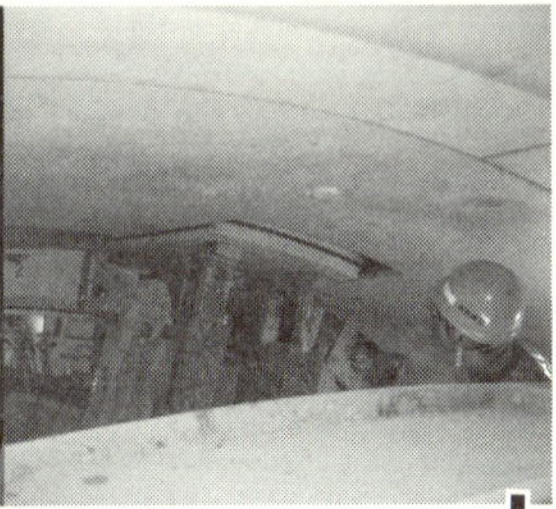

セグメント組立　エレクターでセグメントを組み立てる

もう一方の
立坑に到達する

シールドマシン
到達

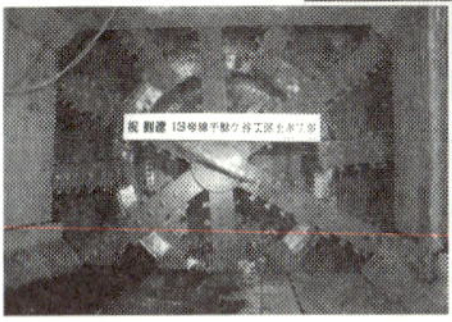

シールドマシン
Uターン

単線シールドトンネルを2本建設する場合はシールドマシンをUターンさせて発進した立坑に戻る

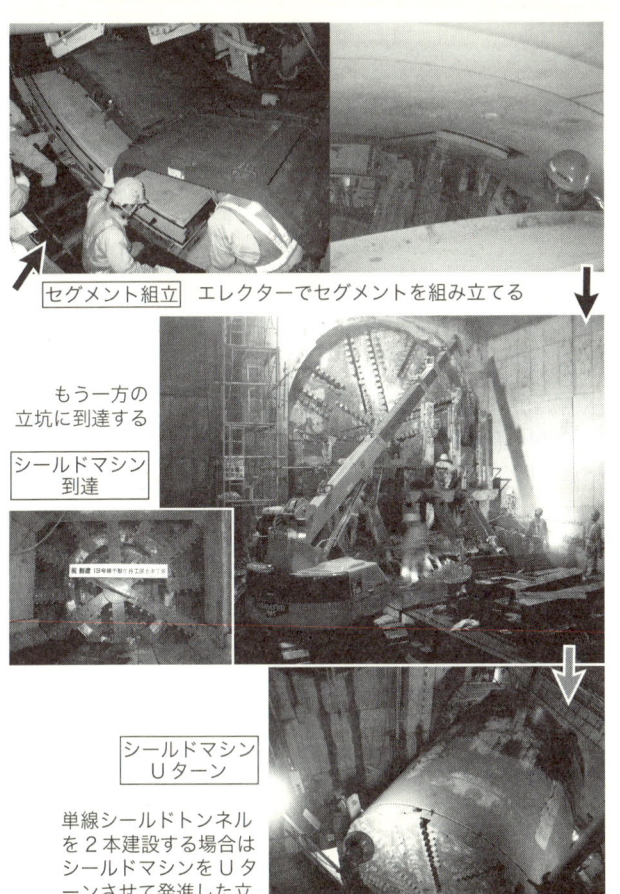

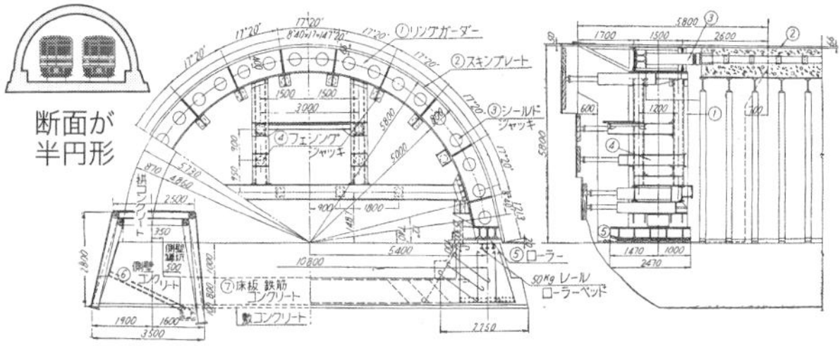

図3－13　ルーフシールドトンネル（丸ノ内線）

ない開放型にまずわけられる。安全性は密閉型のほうが高いのだが、現在のようにシールドマシンが使われるようになる前は、開放型が使われていた。

日本の地下鉄ではじめてシールド工法が行われたのは、1959年に開通した営団丸ノ内線の霞ケ関－国会議事堂前間だ。トンネル断面が半円形のルーフシールドトンネル（図3－13）で、開放型シールドによる手掘りで建設された。断面が円形のシールドトンネルは、日本の地下鉄では1963年に開業した名古屋市営東山線池下－覚王山間が最初だ。このトンネルも、開放型シールドによる手掘りである。開放型では、地盤から湧き出る地下水の影響を小さくするため、切羽付近の気圧を上げて掘削する方式が採用された。これを圧気式という。

その後、技術の進歩にともない、シールドマシンを用いる密閉型が使われるようになった。切羽を安全に保てるという利点があるからだ。切羽には、土圧と呼ばれる地盤の圧力や、地下水圧と呼ばれる地下水の圧力がかかっている。シールドマシンは、これらに対抗する圧力を切羽にか

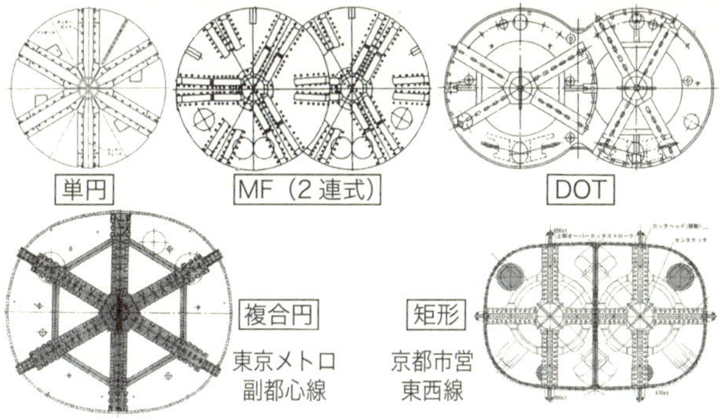

図3-14　シールドマシンの形状

けることで、切羽が崩れるのを防ぎ、安定した掘削作業を行うことができるようになっている。密閉型には、土圧式と泥水式がある。

シールドマシンは、大きくわけると複線用と単線用があるが、断面形状で見ると、さらに細かく分類できる（図3-14)。形状は、1つの円になったもの（単円)、2つまたは3つの円を組み合わせたようなもの（MF・DOT）や、楕円に近いもの（複合円)、四角いもの（矩形《くけい》）もある。円形を基本とするものが多いのは、円が力学的に優れた形状だからだ。複合円や矩形は、断面を小さくすることで建設費を節約する効果があるが、力学的には弱いため、使えるのは地盤が安定している場所に限られる。

写真3-4は、実際につくられたトンネルの例だ。(c) の複合円シールドトンネルの掘削は、シールドマシンのカッターの一部を伸縮させて行われる。東京メトロ副

（a）単円単線（福岡市営七隈線）　（b）単円複線（都営大江戸線）

（c）複合円（東京メトロ副都心線）　（d）矩形（京都市営東西線）

写真３-４　シールドトンネルの断面例

都心線の渋谷駅からは、断面が四角い開削トンネルの奥に、複合円シールドトンネルが見える。

（d）の矩形シールドトンネルは、2004年に開業した京都市営東西線の六地蔵‐石田間のものである。複線の線路がすっぽり入る大断面矩形シールドトンネルとしては世界初の例だ。

現在、日本のシールドマシン技術は、世界トップレベルとされるが、当初は技術を海外から学ぶところが大きかった。土木学会が2009年に発行した『目から鱗のトンネル技術史―先達が語る最先端技術への歩み』では、1960年代に旧ソ連の資料を参考にしてシールド工法を研究したと当事者が語っている。

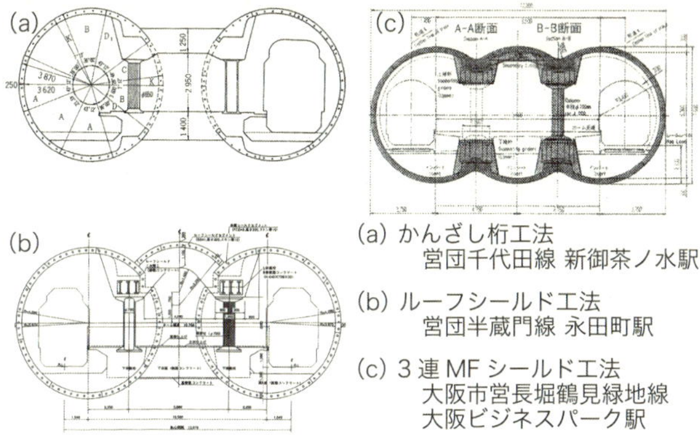

(a) かんざし桁工法
宮団千代田線 新御茶ノ水駅

(b) ルーフシールド工法
宮団半蔵門線 永田町駅

(c) 3連MFシールド工法
大阪市営長堀鶴見緑地線
大阪ビジネスパーク駅

図3-15　シールド工法でつくった駅の例

シールド工法でつくった駅

日本の地下鉄では、駅トンネルを開削工法で、駅間トンネルをシールド工法で構築する場合が多い。開削工法は、構造断面が変化する区間でも施工できるため、駅トンネルに向くとされている。駅間トンネルをシールド工法で建設するときは、前述したように、開削工法で掘った駅トンネルをシールドトンネルの立坑として利用する。ただし、地上に工事の障害があり、開削工法が使えない場合は、駅トンネルもシールド工法で構築することがある。

シールド工法でつくられた日本の地下鉄駅には、いくつか種類がある（図3-15）。(a)（b）は、単円単線シールドトンネルを2本つくり、間を掘削して島式ホームを構築した例だ。(a) はかんざし桁工法、(b) はルーフシールド工法が使われており、ホーム部分の天井を柱でしっかり

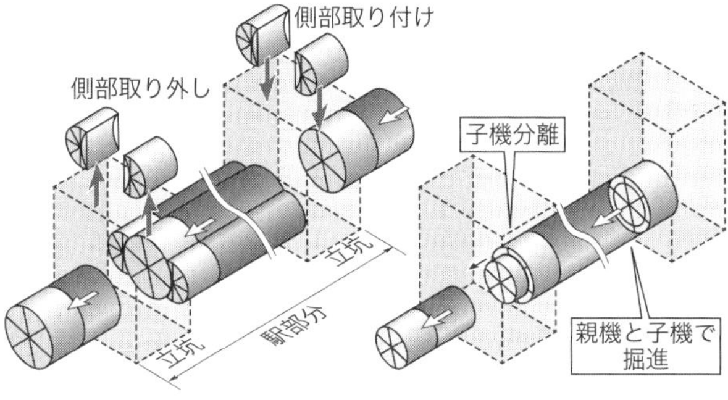

(a) 着脱式３連型シールド工法　　(b) 親子シールド工法

図3-16　駅トンネルと駅間トンネルを一度につくるシールド工法

支えるように工夫されている。(b) は、断面形状が眼鏡のフレームに似ているため、めがね型シールドトンネルと呼ばれる。(c) は、3連MFシールド工法で建設した駅だ。3つのカッターヘッドが回転するシールドマシンで駅トンネルを一度に構築したものだ。

駅トンネルにはホームがあるため、駅間トンネルよりも断面が大きい。駅を掘削するシールドマシンと駅間を掘削するシールドマシンは、駅の前後に掘られた立坑で切り換えている。しかし、シールドマシンを駅と駅間で別々に用意すると費用がかかる。そこで極力部品を共有する方法が検討され、着脱式3連型シールド工法と親子シールド工法が開発された（図3-16)。

着脱式3連型シールド工法は、駅前後の立坑でシールドマシンの部品を着脱する方法だ。駅間トンネルは単円複線シールド工法、駅トンネルは3連型シールド工法で掘削・

写真3-5　ロンドン「チューブ」の駅

構築する。実施例に、東京メトロ南北線白金台駅がある。

親子シールド工法は、カッターヘッドの回転軸が同じ親機と子機を組み合わせたシールドマシンを使う方法だ。親機と子機の両方で駅トンネルを掘り、立坑に達したら、断面が小さい子機だけ分離して駅間トンネルを掘る。実施例に、東京メトロ副都心線の西早稲田駅や雑司が谷駅などがある。

シールド工法を多用したロンドンの「チューブ」

ロンドンの地下鉄で「チューブ」と呼ばれる路線では、駅間トンネルはもちろん、駅トンネルにもシールド工法を使った駅が多数ある。写真3-5を見ると、駅間トンネルも駅トンネルも断面が円形になっているのがわかる。駅の

(a) 標準駅

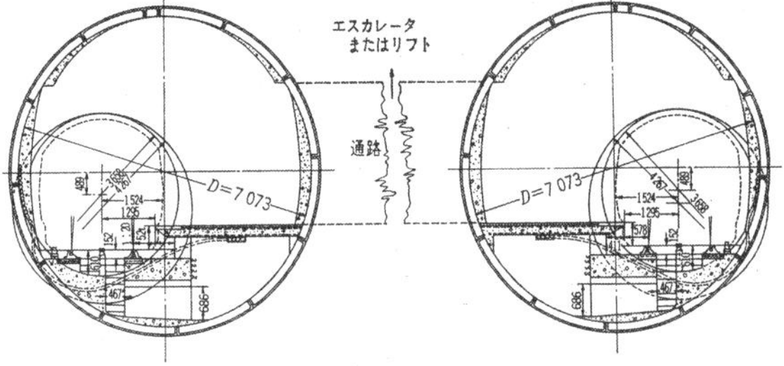

(b) 大型駅（グランツヒル駅）

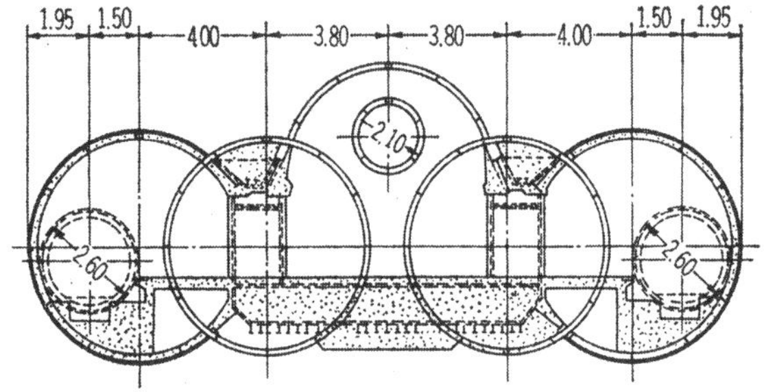

図3-17　ロンドン「チューブ」の駅シールド

断面は、図3-17のようになっている。標準的な駅は、駅トンネルが2本にわかれており、双方をつなぐ通路がエスカレーターにつながっている。大型駅は、4つの円と半円形のルーフシールドを組み合わせた形をしている。エスカレーターのトンネルもシールド工法でつくられているが、くわしくは第4章で説明しよう。

3-4　その他の特殊工法

トンネル建設で部分的に使われる特殊工法もある。おもなものを紹介しよう。

都市でも使う山岳工法

山岳工法は、岩盤が多い山間部のトンネル建設によく使われているものだ。基本的に都市の地下には固い岩盤がないため、地下鉄建設で使われることは少ない。福岡や仙台のように市街地でも岩盤がある場合や、工事時の地盤沈下を最小限に抑えるため、山岳工法を使った例がある。

山岳工法についてはさまざまな種類があるが、地下鉄建設に使われた比較的新しい手法にNATM（ナトム）がある。NATMとは、New Austrian Tunnelling Method（新オーストリアトンネル工法）の略称で、トンネルの壁の支え方に特徴がある。地盤からの土圧に耐えるようにするのではなく、逆に地盤にトンネルの壁を支えてもらうのだ。壁を支えるのは、地盤に向かって打ち込まれた細長いロックボルトだ。まるでハリネズミのように多数打ち込まれたロックボルトは、奥深い部分まで打ち込まれることで土や岩盤に食い込み、地盤と一体となって壁を支える（図3-18）。

横浜市営ブルーラインの三ツ沢上町駅と三ツ沢下町駅は、階段部分は開削工法だが、ホーム部分はNATMで建設された珍しい駅だ。これらの駅は、建設に反対した地元

図3-18　NATMで建設した横浜市営三ツ沢下町駅（図版提供：熊谷組）

商店街を迂回するルートに建設された。周囲が住宅街であるため、地上への影響を減らす目的で地下30m以下の深い場所にホームがつくられた。天井がドーム形になった両駅のホームには、土木学会技術賞受賞の記念プレートが飾られている。

川の横断に使う潜函工法と沈埋工法

潜函工法（ケーソン工法）と沈埋工法は、箱状の構造物を地下に埋め、つなげてトンネルを構築するという工法だ（図3-19）。地下鉄でよく行われる川の横断を例に説明しよう。

潜函工法では、まずケーソンと呼ばれる箱状の構造物をクレーンで川底に下ろす。ケーソンは、川底を少しずつ掘

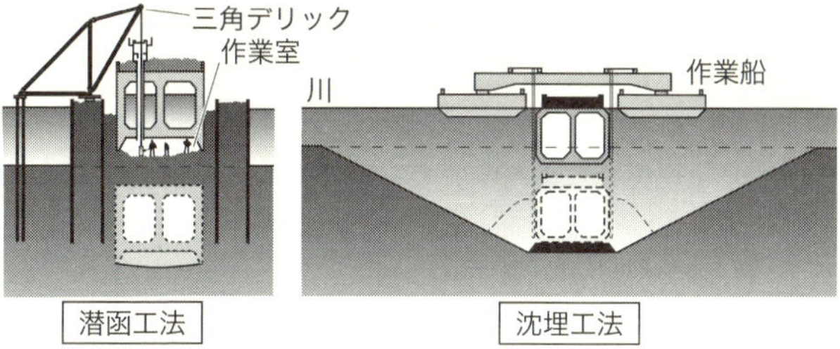

図3-19　川底にトンネルをつくる方法

りながら沈める。ケーソンの下は、作業員が掘削を行う作業室になっており、内部の空気の圧力を上げて水の浸入を防いでいる。

沈埋工法では、まずあらかじめ川底を深く掘っておく。沈埋函と呼ばれる箱状の構造物は作業船で搬送し、クレーンで川底に沈め、土をかけて埋めもどす。

日本の都市には川が多いため、その横断に潜函工法や沈埋工法を採用した例が多い。大阪港咲洲《さきしま》トンネルは、沈埋工法としては日本初の鉄道・道路併用トンネルであり、大阪市営中央線の線路の左右両側に道路が通っている。

地盤を凍らせて掘る凍結工法

凍結工法は、その名のとおり地盤を凍結させて掘削する工法だ。19世紀後半にイギリスで開発されたもので、掘削がとくに難しい軟弱地盤や、川の下など水の処理が難しい場所に使われる。

地盤を凍結させるのは、埋め込まれた凍結管だ。冷媒（塩化カリウムの冷却液）を冷やしながら凍結管に流して

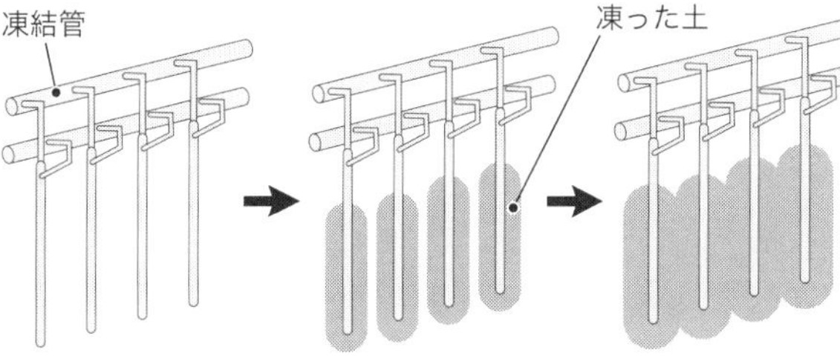

図3-20　凍結工法で使う凍結管

循環させると、周囲の地盤が少しずつ冷やされ、時間が経つと周囲一帯の地盤がカチンコチンに凍る（図3-20)。地盤を岩のように固くしてから掘削し、トンネルが完成したら、凍結管に湯を流し込んで地盤を解凍する。

日本の地下鉄建設で最初に凍結工法が使われたのは、1968年に開業した都営浅草線の三田-大門間だ。その後、東京で凍結工法による大規模な工事を実施した例があるが、複雑な立体交差が関係するので、第4章でくわしく説明する。

アンダーパスに使うアンダーピニング工法

地下鉄のトンネルをつくるときには、先につくられたトンネルや建築物などに影響を与えないようにしながら、その下を通らなくてはならないことがある。そのときに使われるのがアンダーピニング工法だ。

地下鉄でアンダーピニング工法がよく使われるのは、すでに営業運転をしている既設のトンネルの下に新しい路線のトンネルをつくるときだ。この工事で重要になるのは、

既設路線の列車の運転に悪影響を与えないことである。既設路線のトンネルは、新しい路線のトンネルをつくる間に位置が変わったり、変形するのを防ぐため、受桁や主桁などと呼ばれる鉄骨で全体を支え、ジャッキや杭を使ってしっかりと下から支える。新しい路線のトンネルが完成したら、古い路線のトンネルとの間にコンクリートを流し込んで固め、下から支えるようにしてから、ジャッキや杭などの鉄骨を除去する。

アンダーピニング工法は、トンネルどうしの立体交差だけでなく、ビルを支える基礎の下にトンネルを建設するときも使われる。

3-5　トンネル以外の地下鉄の設備

地下鉄には、電車が通るトンネル以外にもさまざまな設備があり、安全性と快適性を支えている。おもなものを紹介しよう。

マリリン・モンローと換気設備

地下鉄は、アメリカ映画史上に残る名シーンも生んだ。映画『七年目の浮気』(1955) では、ニューヨークの地下鉄の通気口から吹き出た風でマリリン・モンローが演じる女性のスカートが浮き上がるシーンがある。風の正体は、列車が押し出した空気だ。

閉ざされた地下空間は空気が悪くなりがちなので、快適に保つうえで通気口のような換気設備（写真3－6）は欠

●自然換気
（左上）歩道の通気口
（右上）地下駅の通気口

●機械換気
（左下）中央分離帯の換気塔

写真3-6　換気設備の例（名古屋市営東山線）

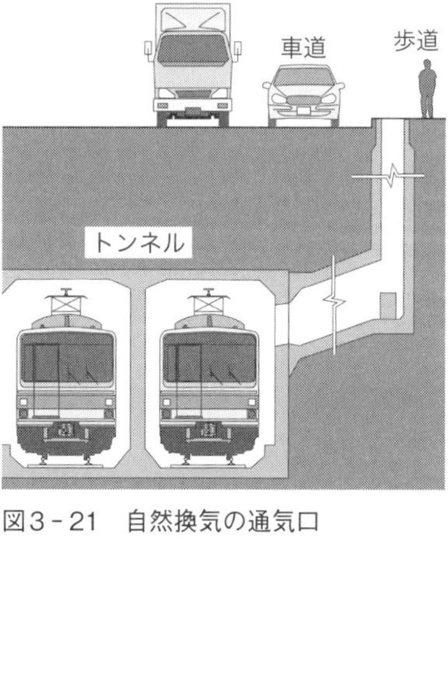

図3-21　自然換気の通気口

かせない。地下鉄で使われている換気方法には、自然換気と機械換気がある。

自然換気は、トンネルと地上を結ぶ通気口を設けることで換気を行う方法だ（図3－21）。外気と地下の温度差や、シリンダー内のピストンのように列車が空気を押し出す効果で空気を入れ換えるため、送風機がいらないのが利点だ。映画に登場した通気口は、自然換気によるもので、国内でも見られる。

機械換気は、送風機を使って強制的に換気する方法だ。設備費や電気代がかかるが、換気効率が高いため、自然換気よりもトンネルの温度上昇を防ぐことができる。日本では、夏の蒸し暑さが問題になったため、利用者が多い駅を中心に機械換気が導入された（第7章で詳述）。

東京メトロ副都心線の渋谷駅は、大規模な地下駅では世界初となる新しい自然換気システムを採用した。これは、吹き抜けと巨大な通気口で地下5階のホームと地上を結ぶ空気の通り道をつくり、対流で空気を入れ換えるというものだ。機械を使わず効率よく換気できるため、地下鉄全体の消費電力を減らすことができると期待されている。

時代とともに変化する駅の照明

地下鉄の駅の照明にも、大きな変化が起きている。蛍光灯ではなく、消費電力が少なくて長寿命なLEDを使う駅が増えてきているのだ。

東京メトロ副都心線の池袋駅や新宿三丁目駅では、天井や壁、案内看板に白く発光するLEDパネルを採用した。

写真3-7　LEDパネルで光る柱と案内看板（新宿三丁目駅）

写真3-7は、通路の柱を光らせた例だ。天井に下がっているLEDパネルで光る案内看板は、27mmという薄さだ。

駅の照明は地下空間では重要度が高いため、電源のバックアップシステムによって停電時でも真っ暗にならないようになっている。

混雑を考えたホームの配置

地下鉄駅のホームの配置にも種類がある。よく使われるものに島式と相対式があり（図3-22）、利用者が多く混雑しやすい駅では島式を採用する例が多い。

島式は、ホーム幅を広くとれるため、一方向の列車の利用客が多い時間帯でも混雑しにくい。階段やエスカレーター、エレベーターの数が相対式よりも少なくてすむという利点もある。

相対式は、島式と同様にホーム階と改札階を上下にわけた例もあるが、図3-22（b）のようにホームと同じ高さに改札口を設けることもできる。地面から浅い位置に駅が

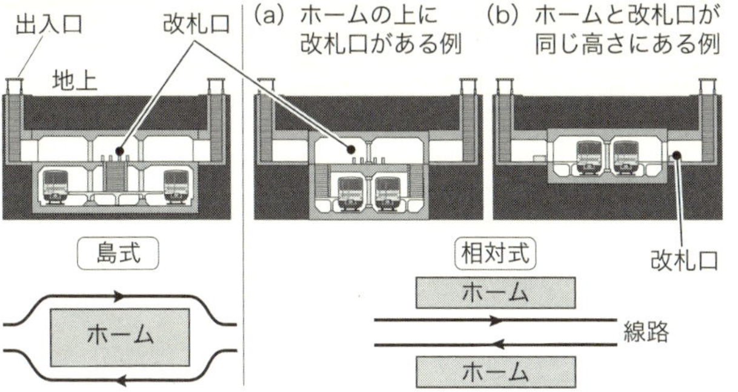

図3-22　島式ホームと相対式ホーム

建設できるため、建設費を節約することも可能だ。

東京最初の開業区間（浅草-上野間）では、全駅を相対式にした。両端の2駅は、利用者が多いためホーム階と改札階を上下にわけたが、途中の2駅はホームと改札口を同じ高さにして浅い位置に建設し、コストダウンを図った。大阪最初の開業区間（梅田-心斎橋間）では、川を横断することから駅が深くなるため、全駅を島式にした。

特殊な例として、ホーム階を上下2層にわけた2階建て式があり（図3-23)、次の5つのタイプがある。

(a) 幅が狭い道路用地を有効利用した駅（例：東京メトロ有楽町線銀座一丁目駅など）

(b) 2路線が分岐する駅（例：福岡市営空港線・箱崎線中洲川端駅、京都市営東西線御陵駅）

(c) 2路線重複区間の駅（例：東京メトロ有楽町線・副都心線千川駅、要町駅）

(d) 同じホームで2路線の乗り換えを可能にした駅

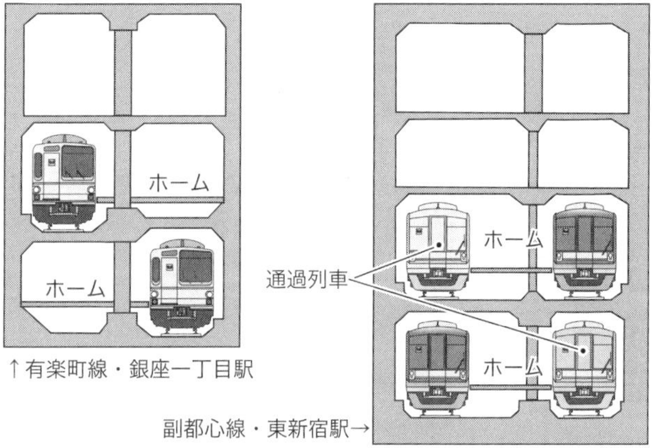

図3-23　2階建て式の例（東京メトロ）

（例：東京メトロ銀座線・丸ノ内線赤坂見附駅）

（e）急行列車の追い抜きを可能にした駅（例：東京メトロ副都心線東新宿駅）

変電設備と排水設備

変電設備は、電力会社から送られてきた電気を変換し、電車が動くための電気を送るだけでなく、照明などの駅の設備にも電気を送っている。架線や第三軌条に安定した電気を送るため、等間隔で置かれている。駅構内に設けられることが多い。それぞれの変電設備は、指令所で一括管理されており、停電などの非常時に迅速に対応できるようになっている。

トンネル内部の排水溝には、染み出た地下水が流れている。これをポンプで下水道管にくみ上げるのが排水設備

写真3-8　耐震補強工事の例（東京メトロ九段下駅）

だ。ポンプは複数設けてあり、1個故障しても、別のポンプがサポートするようになっている。

安全設備と防災設備

地下鉄では、都市の地下を列車が走るという特殊性があるため、一般の鉄道よりも安全や防災のための設備が強化されている。

地震対策としては、トンネルを強固につくるとともに、古い耐震基準でつくられたトンネルでは耐震強度を上げる補強工事などが行われている。地下鉄をはじめ、国内における建造物の耐震構造は、長らく関東大震災（1923年）が基準になっていた。これを大きく変えたのが、1995年に発生した阪神・淡路大震災だ。この地震で神戸高速鉄道の地下駅である大開駅は崩壊し、トンネルの天井を支える

中柱が壊れ、真上の道路（国道28号）が陥没した。これを機に、国内の地下鉄の耐震構造が一斉に見直され、中柱を補強する工事（写真3－8）が行われている。

水害対策としては、洪水などによるトンネルへの浸水を防ぐ対策が行われている。標高が低く水害を受けやすい駅では、出入口に段差を設けたり、水をせき止める止水板を設けられるような構造にしている。トンネルを仕切る防水扉を設けた例もあり、線路の地上区間から水が入り込むのを防いでいる。

地上区間では、風害対策も行われている。悪天候時の強風や突風による列車事故を防ぐため、橋梁に風力計を設けるなどの対策で、これは一般の鉄道と同じである。

火災対策としては、消防法に基づき消火設備を充実させるなど、さまざまな工夫がされている。これについては、電車の火災対策とあわせて第6章で詳説する。

第4章

驚きの立体構造

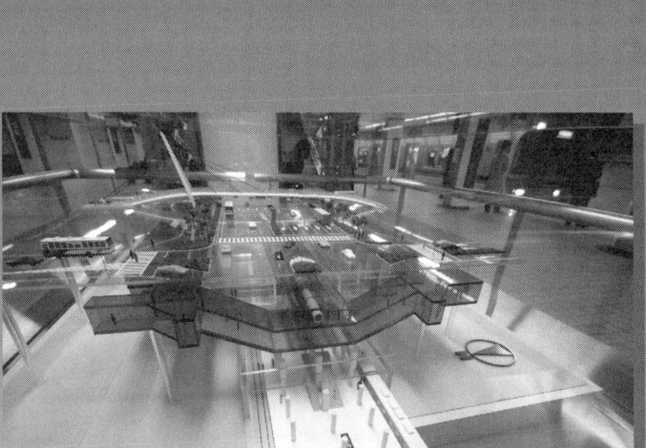

駅の立体模型（名古屋市営桜通線久屋大通駅ホーム）

4-1　5路線が集中する大手町駅

さまざまな工法を駆使

東京の大手町駅は、日本の地下鉄で最大規模の駅である。東京メトロ4路線、都営1路線の計5路線が接続し、複雑に立体交差している。乗降客数は1日36万人にものぼる。

大手町駅の全容が上空から見えたら、図4－1のようになるだろう。5路線のトンネルで構成された駅が、ビルが林立する1ブロックを「ロ」の字を描くように囲んでおり、並行する千代田線と都営三田線の駅がずれて配置してあるのがわかる。これは、道路下の空間を有効活用するための工夫だ。道路の幅は限られているので、両線の駅の位置をずらすことで、双方の島式ホームの幅を広くとっている。

大手町駅に乗り入れた順番は、丸ノ内線→東西線→千代田線と都営三田線→半蔵門線で、丸ノ内線のホームはいちばん浅い位置にある（図4－2）。これよりやや深い位置に千代田線・都営三田線のホームがあり、その下を東西線が通っている。半蔵門線のホームは東西線よりもさらに深い位置にある。そのため、既存路線のトンネルの下を通る部分の工事では、列車の運転に支障を来さないための工夫がされた。

たとえば、半蔵門線の工事の場合、丸ノ内線の下を通る

部分は、第3章で紹介したアンダーピニング工法が使われた。丸ノ内線のトンネルの真下には、図4－3上のように杭が打たれ、列車が通るトンネルをジャッキで下から支えて工事していたのである。千代田線と都営三田線の下を通る部分は、半蔵門線の駅間にあたるため、シールド工法でつくられた（図4－3下）。

大手町駅は高層ビルに囲まれており、地下空間でも駅トンネルとビルが近接している。たとえば、読売新聞社ビルの最下階の地下5階は、半蔵門線のホーム階（地下約29m）と同じ深さにある。このため、とくにビルに接近した部分の工事では、トンネルに防振用の硬質発泡ウレタンを吹き付けたり、ゴムマットを敷き、列車走行による騒音や振動が伝わらないように工夫された。

大手町駅周辺の駅間のトンネルはほとんど開削工法でつくられているが、半蔵門線ではシールド工法が使われている。東西線では皇居の堀（大手濠）の下を通るため、その部分では潜函工法が使われている。

半蔵門線と東西線は、大手町駅の東側でJR総武本線のトンネルやJR中央線などの高架橋と立体交差している。また、丸ノ内線も位置は異なるが同様に立体交差している。こうした交差部分の工事も、既存のトンネルや高架橋の基礎をしっかりと支持、保護するなど、悪影響を与えない工夫がなされた。

これだけ鉄道路線が重なっていれば、これ以上の立体交差は難しいように思えるが、大深度地下などを利用してさらに鉄道を新設する構想もある。つくばエクスプレスの東

図4－1　上空から見た大手町駅のイメージ

千代田線
半蔵門線
都営三田線
丸ノ内線
東西線
東京駅
JR 東京駅
JR地下ホーム
丸ノ内線東京駅
丸ノ内線
JR横須賀線(地下)

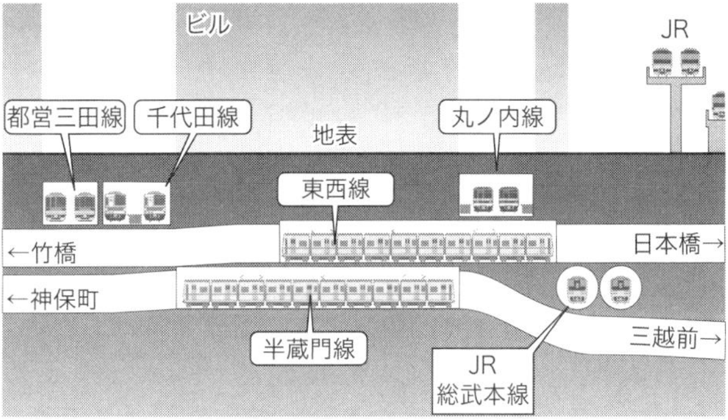

図4－2　大手町駅付近断面イメージ（東西方向）

京駅乗り入れや、JR京葉線の西への延伸、成田・羽田両空港間を短絡するアクセス鉄道などがもし実現すれば、大手町周辺の地下の立体構造はさらに複雑になるだろう。

大手町駅は、2km以上離れた東銀座駅まで地下通路でつながっており、雨の日でも傘なしで歩いていける。しかも途中でさまざまなビルと直結する通路があるため、大手町から銀座一帯まで、ほとんど地下だけで移動することもできる。このような地下通路は世界的にも珍しく、規模も世界最大級だ。

4-2　驚きの立体交差　新宿三丁目駅

新宿三丁目駅では、丸ノ内線・都営新宿線・副都心線（乗り入れ順）の3路線が三角形を描くように立体交差している（図4－4）。その一部では、トンネルどうしがまさ

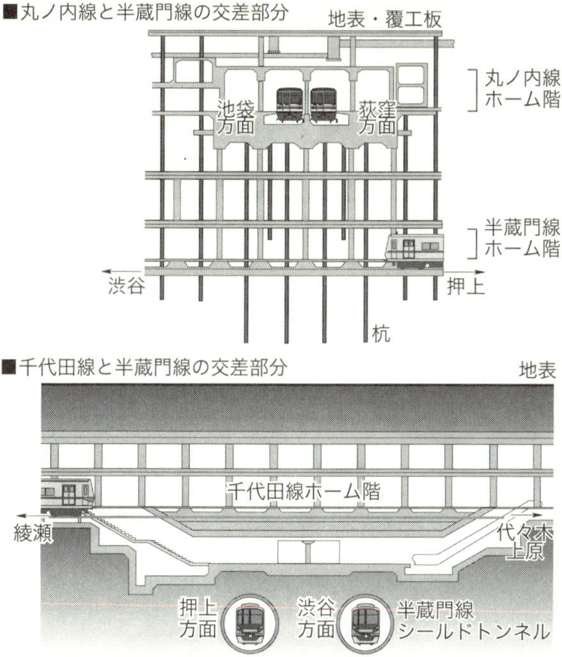

図4-3　半蔵門線の交差部分の工事（大手町駅）

にかすめるように交差している。間隔は最短でわずか11cm。それを実現したのは、正確な位置にトンネルをつくることを可能にした精度の高い建設技術だ。それがどのようなものか実例をあげて紹介しよう。

針に糸を通すような工事

副都心線の新宿三丁目駅が開業したのは2008年。それ

図4-4　新宿三丁目駅の立体構造

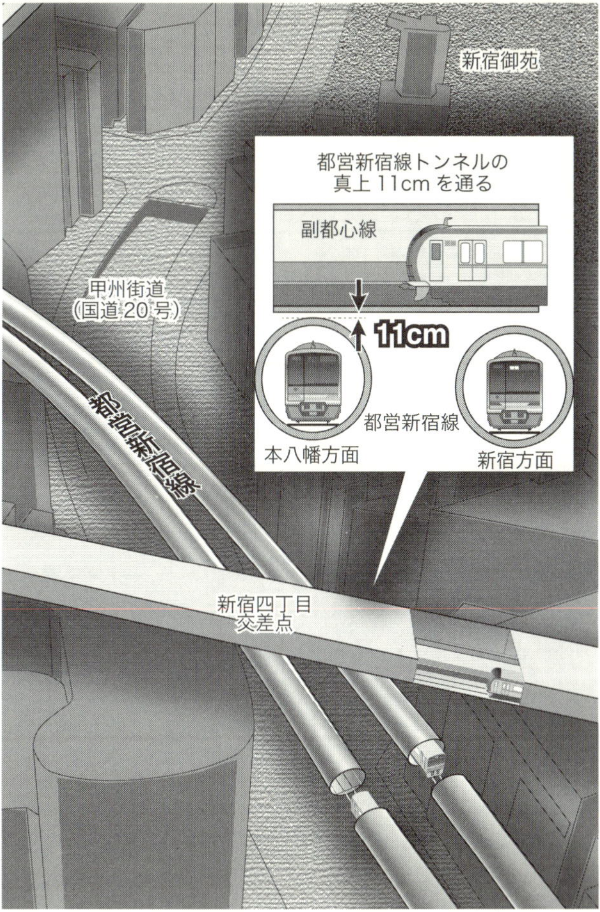
新宿御苑
都営新宿線トンネルの
真上11cmを通る
副都心線
11cm
都営新宿線
本八幡方面
新宿方面
甲州街道
(国道20号)
都営新宿線
新宿四丁目
交差点

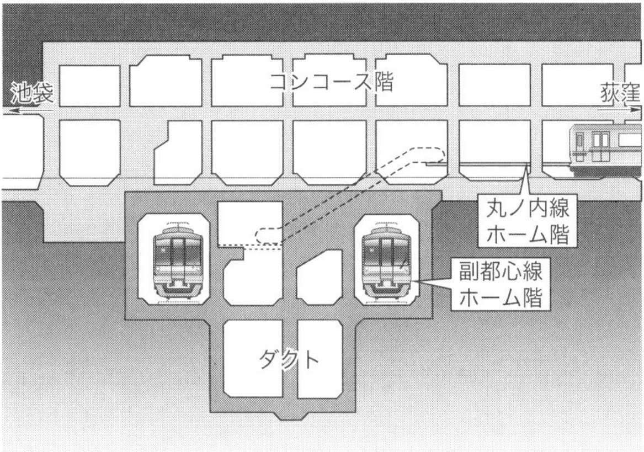

図4－5　副都心線と丸ノ内線の交差部分（新宿三丁目駅）

以前は、丸ノ内線とその下を通る都営新宿線だけが立体交差していた。そこへ新たに副都心線が乗り入れるとき、都営新宿線の下をくぐるのではなく、丸ノ内線と都営新宿線の間を通ることになった。より浅い位置を通るほうが建設費を節約できるし、上下の移動距離も短くなって利用しやすくなるからだ。だが、それを実現するには、まさに針に糸を通すような高い精度でトンネルをつくらなければならなかった。

丸ノ内線と副都心線との交差部分では、互いのトンネルが接しており、重さ5000トン（5000tf：躯体および活荷重の合計）の丸ノ内線のトンネルを副都心線のトンネルが下から支えなければならなかった（図4－5）。この部分ではアンダーピニング工法が使われ、丸ノ内線のトンネルを仮

設の鉄骨で下から支えながら穴を掘り、副都心線のトンネルがつくられた。丸ノ内線のトンネルと鉄骨の間には、複数の油圧ジャッキが設けられ、丸ノ内線のトンネルを下から直接支えながら微調整が行われた（写真4－1）。なにしろ、丸ノ内線はラッシュ時に最短1分50秒という日本一短い運転間隔で列車が走る高密度輸送路線である。わずかな変状で、運転に支障が出たら大きな問題になる。このため、大掛かりな工事は、列車が運転されていない深夜に集中して慎重に行われたという。同様の工事が、丸ノ内線と都営新宿線の交差部分でも行われた。

シールドトンネルの上を開削工法で

都営新宿線と副都心線の交差部分では、副都心線のホーム部分のトンネルと都営新宿線のトンネルが、最短11cmまで接近している（図4－6）。交差部分では、都営新宿線の単線シールドトンネルが2本通っており、そのトンネルの真上ギリギリをかすめるように開削工法で副都心線トンネルを建設したのだ。

この部分での工事では、都営新宿線のトンネルが浮き上がる可能性があった。トンネルを上から押さえつけていた地盤からの荷重が、掘削による土砂の除去でなくなるからだ。トンネルが浮き上がれば変形し、場合によっては列車の運転に支障をきたしてしまう。これを防ぐため、副都心線の掘削工事では、交差部分の土砂を一度に除去するのではなく、4分割したブロックごとに掘削とコンクリート打設を繰り返した。こうすることで、都営新宿線のトンネル

写真4-1　丸ノ内線の交差部（上：トンネルを支える鉄骨、下：掘削作業　写真提供・東京地下鉄）

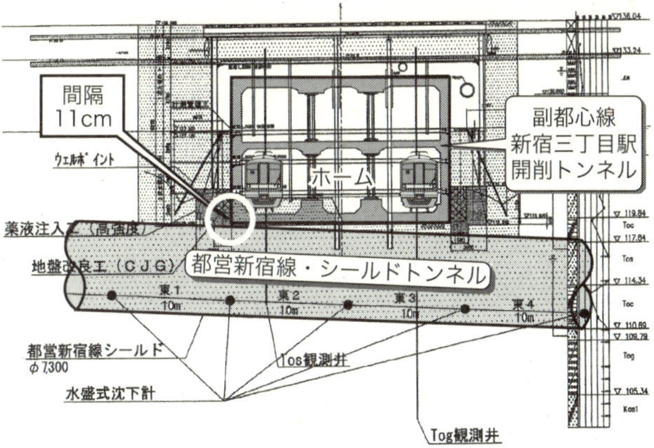

図4－6　副都心線と都営新宿線の交差部分（新宿三丁目駅）

を上から押さえつける荷重を保ったのである。また、トンネルの変状を正確に把握するため、都営新宿線のトンネルの壁には10m間隔で沈下計（水盛式）が取り付けられた。これによって、トンネルの複数の変状がmm以下の単位で計測され、影響を与えないように工事が行われた。

立体交差しているのは、地下鉄のトンネルだけではない。新宿の地下には、東京電力や東京ガス、NTT、東京都の水道局や下水道局が管理するライフラインや、それをまとめた共同溝のトンネルが張り巡らされている。副都心線はこれらが整備されたあとに建設されたため、立体交差や埋設物保護でだいぶ苦心したと取材で工事関係者から聞いた。各トンネルやパイプが道路の下で複雑に絡み合っているため、最初に杭を打つだけでもたいへんだったという。

地下水も大きな問題になった。副都心線のトンネル部分の地盤には、大気圧以上の圧力がかかった被圧地下水が存在しており、出水や盤ぶくれが起こる可能性があった。盤ぶくれとは、掘った部分の底が地下水の圧力で持ち上がる現象で、工事の安全に支障を来す。そこで、ディープウェル（深井戸）工法と呼ばれる特殊工法を使い、井戸のように地下水をくみ上げて被圧地下水の圧力を下げた。

新宿は深夜でも人通りが激しく、真夜中にも道路が混雑する。最終列車のあとに歌舞伎町で働く人が一斉に帰宅するためだ。その後も始発列車が動き出すまで人の流れは途切れないので、交通整理や車線規制が他駅の工事現場より難しかったという。

副都心線の新宿三丁目駅は明治通りの真下にあるが、その延長は787mと地下鉄の駅としてはとても長い。10両編成の列車の長さが約200mなので、ホームよりも駅全体がはるかに長いのだ。これは、ホームの北側に列車が折り返すための引き込み線が設けられ、南側には百貨店（髙島屋タイムズスクエア）に続く連絡通路などがつくられたためである。

4-3　3路線が交差　永田町駅

国家の中枢機関が集中する場所

国会議事堂や首相官邸など、国家の中枢機関が集中する永田町。その地下深くには、有楽町線・半蔵門線・南北線

の3路線が接続する永田町駅がある。シールド工法で建設されたホーム部分が複雑に交差した珍しい駅だ。銀座線と丸ノ内線が乗り入れる赤坂見附駅とも地下通路でつながっており、2つの駅をあわせて5路線が接続する。1日平均乗降客数は大手町駅の6分の1（約6万人）だが、巨大な乗換駅として重要な役目を果たしている。

永田町駅に乗り入れた順番は、有楽町線→半蔵門線→南北線で、有楽町線と南北線のトンネルの下で半蔵門線のトンネルが交差する構造になっている。

図4-7上は、永田町駅を真下から見上げたイメージだ。四角い箱状の構造物は開削工法で建設された立坑で、階段やエスカレーター、改札口や出入口までの通路がこの中にある。円筒形トンネルは、シールド工法で建設された部分だ。3路線のホーム部分は、3章で紹介したメガネ型駅シールドトンネルとなっている。

首都高速道路を避けて深い場所に

永田町駅は、全体的に深い位置にあり、もっとも深い半蔵門線のホームは、地表から約30mの深さにある。これには次のような理由がある。

(1)　地下に首都高速道路のトンネルがある
(2)　永田町の標高が周囲より高い
(3)　道路以外の敷地を通る部分がある

これらを、建設された順に見ていこう。

永田町には、地下鉄が建設される前の1964年に首都高速道路が乗り入れた。三角形を描く三宅坂ジャンクション

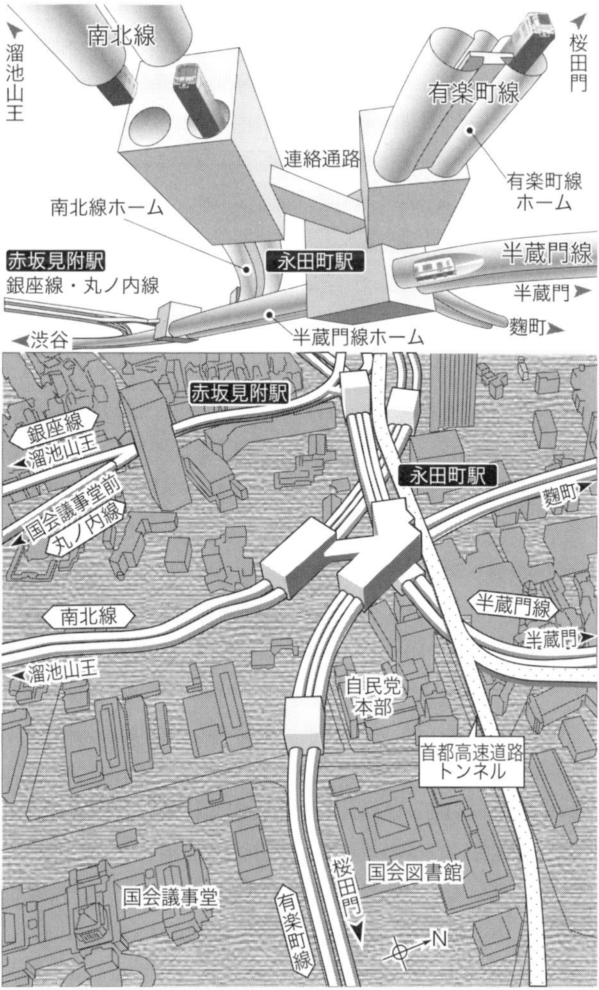

図4-7　永田町駅の立体構造

図4－8　半蔵門線永田町駅の断面図

の西側分岐点にあたり、片側の車線が地上の高架橋、もう片方の車線が地下のトンネルを通るという珍しい構造になっている。首都高速道路（新宿線上り）のトンネルは、図4－7上では割愛したが、図4－7下では点網で表示した。なお、地下の立体構造を見やすくするため、地上にある首都高速道路（新宿線下り）の高架橋は割愛した。

1974年に乗り入れた有楽町線のトンネルは、首都高速道路のトンネルの下を通って斜めに交差するため、深い場所に建設された。路線が道路用地の地下に収まらなかったため、一部で都道府県会館や自民党本部などの敷地の下を通ることになり、シールド工法が多用された。

1979年に乗り入れた半蔵門線のトンネルは、さらに深い場所に建設された。有楽町線の下を通るためだけではなく、地表の高低差（図4－8）をカバーするためだ。現地を歩くとよくわかるが、半蔵門線の真上を通る青山通りは、窪地の底にある赤坂見附から台地上の永田町にかけて急な上り坂になっており、そのままでは勾配がきつすぎて列車が上ることができない。そこで勾配を緩めた結果、地表とホームの高低差が大きくなる部分ができた。

また、半蔵門線は、青山通りの下で首都高速道路と並行

するかたちで建設されたが、道路用地の多くを首都高速道路のトンネルが占めていたため、やむをえず南側（図4－7下左側）にずれた位置を通った。その結果、ホーム部分のトンネルの一部が、衆議院・参議院の議長公邸の下を通ることになり、ホーム部分もシールド工法で建設された。

1997年に乗り入れた南北線は、半蔵門線の上を交差するように建設された。半蔵門線よりも深い位置を通ると、乗り換えが不便になって建設費も膨らむからだ。ホーム部分は、参議院議長公邸や首都高速道路のトンネルの下を通るため、シールド工法が採用された。南北線のトンネルは、上にある首都高速道路のトンネルと、下にある半蔵門線のトンネルの間を通っている。

4-4　土を凍結して掘削　九段下駅付近

橋の上下で４層の立体交差

九段下駅の近くにある俎橋《まないたばし》は、日本橋川にかかる橋である（図4－9）。俎橋には、都心部を東西に貫く靖国通りが通っており、その真上には、日本橋川の上につくられた首都高速道路の高架橋がある。日本橋川の下には、2路線の地下鉄（東京メトロ半蔵門線・都営新宿線）のトンネルが通っている。高速道路・一般道路・川・地下鉄の4層構造で立体交差しているのだ。最後に交差したのは地下鉄だが、そのトンネル建設は、凍結工法を使った難易度の高いものだった。

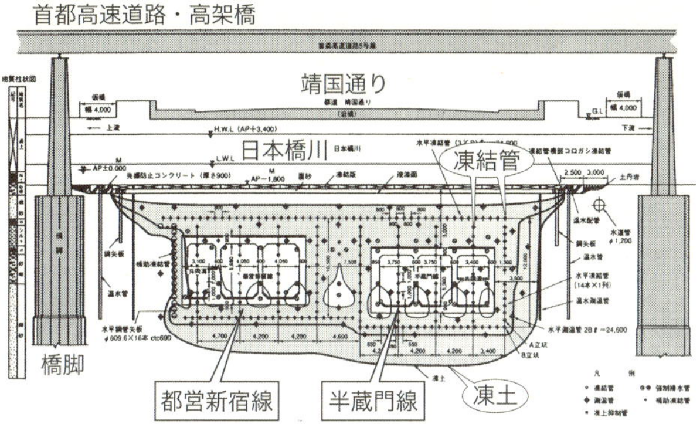

図4－9　凍結工法による组橋付近の工事

幅80mほどの川の横断が、なぜそれほどの「難工事」になったのか。

川の下を横断するときに使う特殊な工法として、第3章で潜函工法や沈埋工法を紹介したが、これらはこの場所では使えなかった。トンネルを分割した箱をクレーンで吊り下ろす工事が、おもに次の理由で実施できなかったからだ。

・组橋と首都高速道路の高架橋の間（高さ5.6m）に十分な空間がない
・组橋が1927年建造で老朽化が進んでいた
・靖国通りは交通量が多いので交通規制ができない
・当時船舶通行が多かった日本橋川に影響を与えないことが好ましい

そこで、シールド工法を使って川を横断することも検討されたが、採用されなかった。シールド工法はシールドマ

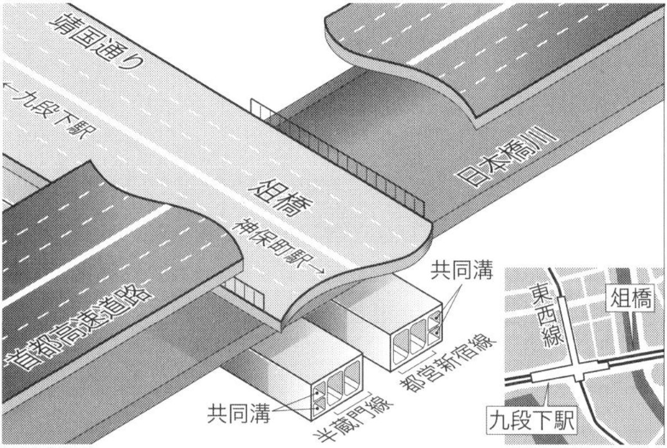

図4－10　俎橋付近の立体構造

シンを地下に導入する必要があり、たった80mの横断部分のためだけに用いるには費用がかかりすぎるからだ。また、日本橋川の下の地盤は弱いため、シールド工法を使うと、トンネルの位置を深くしなければならないという問題も発生する。となれば、すぐ近くの九段下駅のホームも深い位置になるため駅の建設費が高くなるし、交差する東西線のホームとの高低差が大きくなりすぎて、乗り換えが不便になる。

このような理由から川底から浅い位置にトンネルがつくれる凍結工法が採用されたのだが、その規模が大きい。トラック4000台分に相当する約3万7000m^3の土を凍らせて掘削が行われたのだ。これは、半蔵門線と都営新宿線の2路線のトンネル、そしてライフラインをまとめた共同溝が一度につくられたからだ（図4－10）。

川の下の地盤には400本の凍結管が埋め込まれ、マイナス25～27℃の塩化カリウムの冷却液を流して9ヵ月かけて土を凍らせた。その後6ヵ月凍結状態を保って掘削とトンネル構築を行い、凍結管に湯を流し込んで4ヵ月かけて地盤の解凍が行われた。土の凍結による膨張で悪影響を与えないよう、組橋には沈下計や傾斜計を取り付け、慎重に工事が行われた。

凍結工法が使われた部分のトンネルは九段下駅のホームからも見えるが、特殊な工事が行われた形跡はほとんどわからない。

4-5　シールド工法を駆使　ロンドン

「チューブ」を組み合わせたような駅

最後に、究極ともいえる立体交差の例を紹介しよう。場所は東京ではなく、ロンドンだ。ロンドンでは、「チューブ」と呼ばれるシールド工法を多用した地下鉄路線があることはすでに紹介したが、その駅には、日本では見られない特殊構造をした駅が存在する。

まずは乗換駅の一例として、ピカデリーサーカス（Piccadilly Circus）駅を紹介しよう。この駅は、「ロンドンのへそ」ともいわれる賑やかなピカデリーサーカスという広場の真下にあり、ピカデリーラインとベイカールーラインの2路線が斜めに交差している。ピカデリーサーカスは片側1～2車線の道路に囲まれた場所で、広さは道路部

分を含めても渋谷駅前のスクランブル交差点より狭いが、その下には立体構造が複雑な地下鉄の駅が存在している（図4－11）。

地上の出入口と地下通路でつながった改札階（Booking Hall）は円形になっており、地下5mと浅い場所にある。これに対してホーム階はかなり深い場所にあり、ベイカールーラインのホームが地下26m、ピカデリーラインのホームが地下31mにある。20m以上の高低差がある改札階とホーム階は、11機のエスカレーターとらせん状の非常階段で結ばれている。

同じぐらい深い場所にホーム階がある駅は東京にもあるが、これほど狭い空間に通路が入り組んでいる駅はないだろう。改札階よりも下では通路やエスカレーター、ホームも含めたトンネルのほとんどが円筒形になっており、まさに「チューブ（管）」を組み合わせたような構造になっている。これは、地上への影響が少ないシールド工法が多用されたためだ。

この駅は、いまから100年以上前の1906年に開業し、同じ年に2路線が乗り入れた。当初は改札口が地上にあったが、日本に地下鉄が誕生した翌年の1928年に円形の改札階が地下にできあがって現在の姿になった。

「チューブ」の分岐と折り返し設備

最初の「チューブ」として開業した区間を含むノーザンライン（Northern Line）は、ロンドン中心地を縦断する2系統で構成された路線だ（図4－12）。系統が分岐・交差

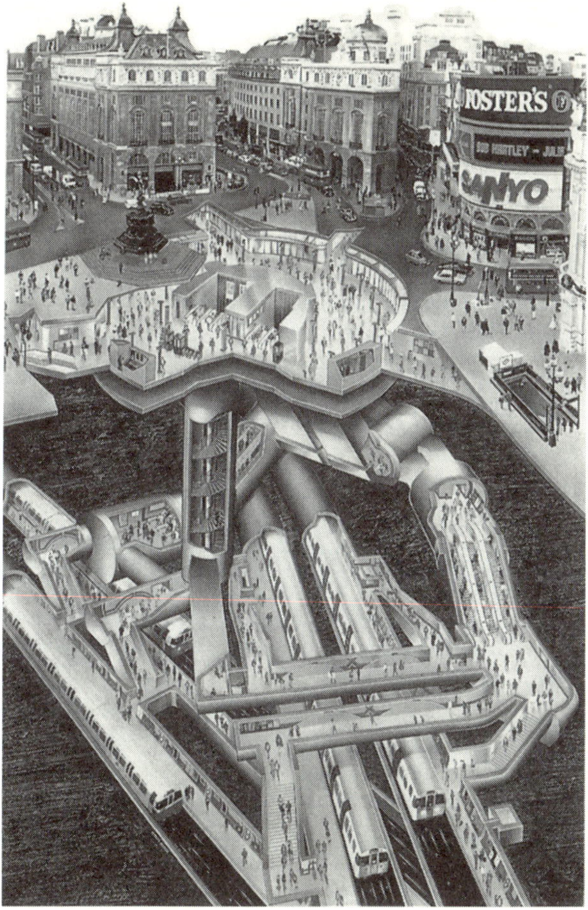

図4－11　ピカデリーサーカス駅（ロンドン交通博物館蔵）

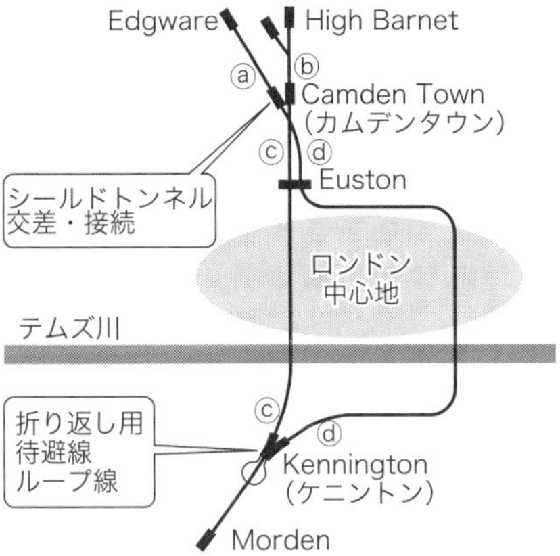

図4-12　ロンドン地下鉄ノーザンライン

する駅付近には、日本の地下鉄では見られないシールドトンネルの分岐や、折り返しのためのループ線が存在する。

北側にあるカムデンタウン（Camden Town）駅付近では、2系統がX字形に交差している（図4-13）。カムデンタウン駅には2方向（ⓐⓑ）のホームが別々に設けられているが、線路が南側で交差しており、それぞれ2方向（ⓒⓓ）に乗り入れできるようにするため、シールドトンネルが複雑に分岐している。

南側にあるケニントン（Kennington）駅では、2系統が1系統になるY字形になっており、折り返し運転をするための待避線とループ線が存在する（図4-14）。ループ線は、左右両側に離れたトンネルを移動するためのもので、列車がいったんホームで乗客を降ろしたあと、ぐるっと一回りすれば逆方向のホームに入れるようになっている。も

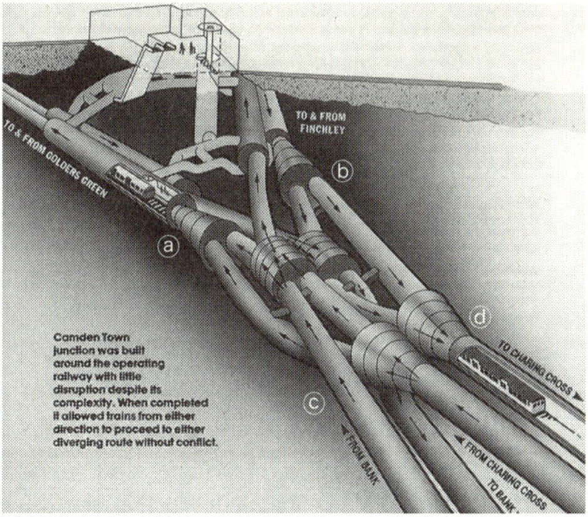

図4－13　シールドトンネルが複雑に交差・接続するカムデンタウン駅付近

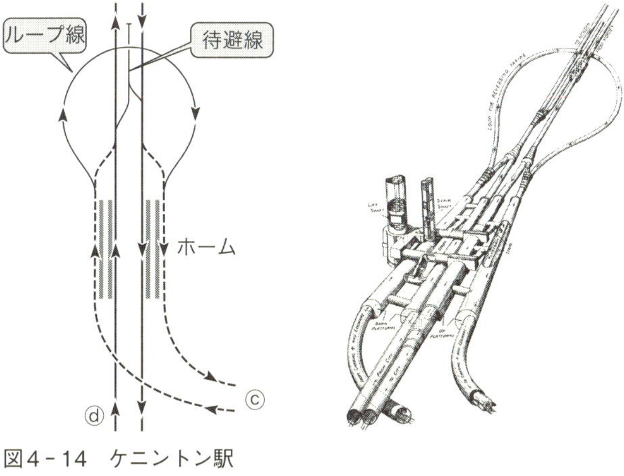

図4－14　ケニントン駅

ちろん、分岐部分もループ線もシールドトンネルだ。

日本の地下鉄では、開削工法で大きな駅トンネルをつくり、そこに分岐や折り返し設備を置くのが一般的なので、このような構造は見られない。駅間でシールドトンネルが分岐した例もあるが、分岐部分は開削トンネルとなっている。

第5章

運行システムの技術

ATO を導入した運転台（都営大江戸線）

地下鉄では、列車を安全に走らせる保安や管理のための技術が、常に最新で導入されてきた。ほかにも、地下鉄に導入された技術の中には、一般の鉄道よりも早く使われたものが数多くある。本章では日本の地下鉄で使われているものを中心に紹介しよう。

5-1　自動列車保安装置

ヒューマンエラーによる事故を防ぐ

日本の地下鉄では、列車運行を安全に行うため、全路線で自動列車保安装置が導入されている。自動列車保安装置とは、運転士などのヒューマンエラーが原因となる列車の衝突・追突事故を未然に防ぐためのものだ。

ヒューマンエラーは、「意図しない結果を生じる人間の行為」（JIS定義）とされており、人間誰しもやってしまう「うっかりミス」もこれに含まれる。ヒューマンエラーは、訓練などである程度発生を減らすことができるが、操作するのが人間である以上、完全に防ぐことはできない。自動列車保安装置は、こうしたヒューマンエラーなどによる運転操作ミスなどを未然に防ぐバックアップ装置だ。

日本の地下鉄で使われている自動列車保安装置は、対応レベルが異なるものをわけてATS、ATCと呼ばれているが、欧米ではATP（Automatic Train Protection device：自動列車保安装置）という呼び方が使われている。

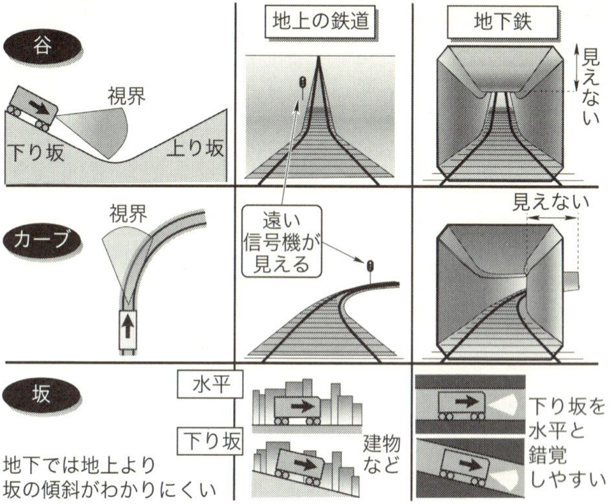

図5－1　運転室からの前方視界のちがい

なぜ地下鉄に必要なのか

自動列車保安装置は、一般の鉄道でも使われているが、地下鉄ではとくに重要な役割を果たしている。暗いトンネルの中は、見通しが非常に悪い。地上を走る一般の鉄道なら見えるはずの谷やカーブの先が、トンネルの壁に遮られてしまうからだ（図5－1）。線路際に信号機があると、運転士が確認しづらく、見落とす可能性も高い。

また、トンネルの中では坂の傾斜がわかりにくい。建物や電柱など坂の傾斜の判断基準になる地上の景色が見えないからだ。運転士が連続する坂を水平だと錯覚すれば、下

り坂でスピードオーバーが起きてしまう。地下鉄のトンネルは、地中のさまざまな埋設物を避けるようにつくられているため、地上の鉄道とくらべて急な坂が多くアップダウンが激しい。急カーブも多いため、スピードオーバーは事故につながる可能性が高くなる。

地下鉄の事故は怖い。狭いトンネル内で列車事故が発生すると、一般の鉄道よりも被害が大きくなりやすいからだ。地下鉄では、常に新しい自動列車保安装置を導入することで、このような事故を未然に防いでいる。

ATS（Automatic Train Stop device：自動列車停止装置）

地下鉄で早くから導入されていた信号保安装置にATSがある。本来通過してはならない列車を自動的に停止させて、列車どうしの衝突・追突事故を防ぐ安全装置だ。

ATSは、大きくわけて機械式と電気式の2種類がある。列車を停止させる信号は線路から列車に伝えられるが、この伝達を機械式は機械的に、電気式は電気的に行っている。

地下鉄に最初に導入されたのは機械式で、1900年からロンドンの地下鉄で使われるようになった。のちに機械式ATSの一種として打子《うちこ》式ATSが開発され、日本最初の地下鉄に導入された。これが、日本の鉄道で最初に導入されたATSである。

線路の一部が電車にふれて停める？　打子式ATS

打子式ATSは、通過する電車のブレーキ装置に線路の

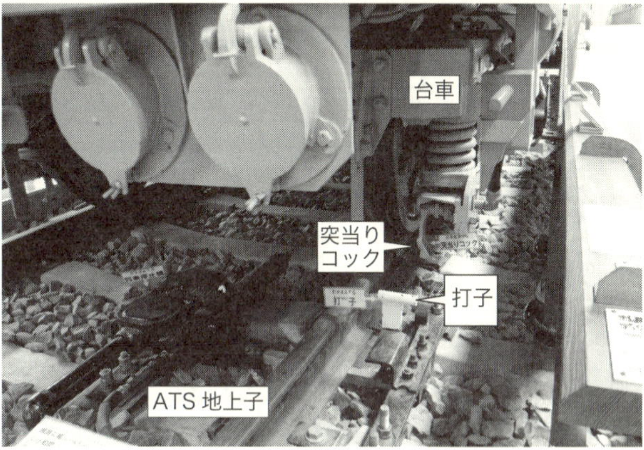

写真5－1　打子式ATS（名古屋市営・レトロでんしゃ館）

部品が直接ふれて操作し、自動的に急ブレーキをかけて列車を停めるというものだ。

どうやって列車を停めるのか。まずは写真5－1をよく見てほしい。線路には電車のブレーキを操作するATS地上子があり、「打子」と呼ばれる棒のようなものがついている。打子が垂直に立っているときに列車がやってくると、打子が電車の台車にある「突当りコック」に当たってブレーキ管を開ける。すると圧縮空気がブレーキシリンダーに流れこみ、制輪子が車輪に押し付けられて、電車に急ブレーキがかかる（図5－2上）。

実際の線路では、打子は色灯式信号機の手前に置かれている。色灯式信号機とは、道路の交差点にある交通信号機と同じように、進んでよいか否かを青（鉄道では緑とい

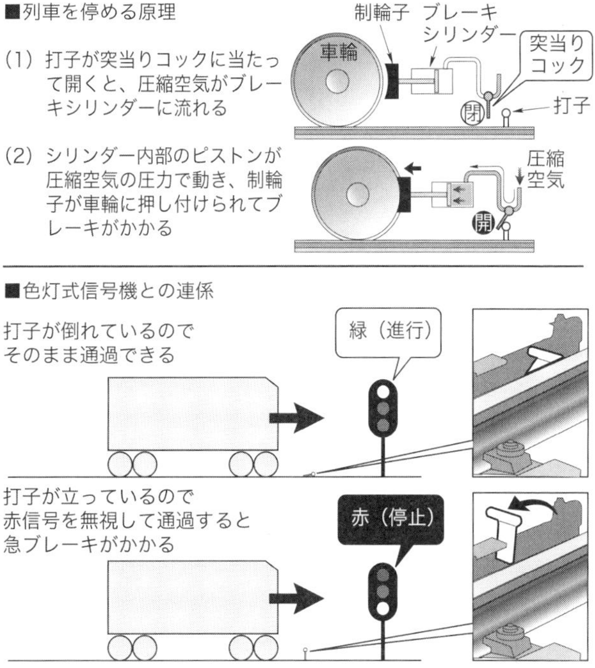
■列車を停める原理
制輪子
ブレーキシリンダー
突当りコック
車輪
閉
打子
(1) 打子が突当りコックに当たって開くと、圧縮空気がブレーキシリンダーに流れる
圧縮空気
開
(2) シリンダー内部のピストンが圧縮空気の圧力で動き、制輪子が車輪に押し付けられてブレーキがかかる
■色灯式信号機との連係
打子が倒れているので
そのまま通過できる
緑（進行）
打子が立っているので
赤信号を無視して通過すると
急ブレーキがかかる
赤（停止）

図5-2　打子式ATSの原理

う）・黄・赤のランプが点灯することで示すものだ。

打子は、通常は水平に倒れているが、色灯式信号機が赤信号、つまり停止（停まれ）を示しているときだけ垂直に立つ（図5-2下）。そこへ列車が赤信号を無視して通過しようとすると、打子が突当りコックに当たって自動的に急ブレーキがかかり、次の赤信号の色灯式信号機の手前で列車を停めるというわけだ。

改良された打子式ATSでは、速度照査機能、つまり列車の通過速度をチェックする機能を付加することでスピードオーバーした列車を停められるようにもなっていた。列車の通過速度は、線路の車輪検知器で検知する。線路上の離れた2ヵ所で列車の車輪が通過する時間の差から列車の速度を割り出しており、速度が規定値以下であれば打子が倒れ、超えていれば打子が立ったままになって列車を停めていた。

打子式ATSは、東京・大阪・名古屋の3都市の初期に開業した地下鉄路線で長らく使われていたが、のちにより高機能なATCに置きかえられ、2004年に名古屋市営東山線でATCが導入されたのを最後に、日本では使われなくなった。

海外では、打子式ATSなどの機械式ATSが、ロンドンやニューヨーク、ベルリンなどの地下鉄で現在も使われている。

電気式ATS

電気式ATSは、線路に置かれた地上子と車両に取り付けられた車上子の間で電気的に情報をやりとりするもので、打子式ATSよりも多くの機能を持つ。国内では、JRや私鉄、第三セクター鉄道で広く使われているが、地下鉄では都営浅草線でのみ使われている。

浅草線に最初に導入されたのは、1号型ATSと呼ばれるものだった。これは、赤信号を無視した列車を停めるだけでなく、黄信号が出ている地点を45km/hを超える速度

で通過する列車を減速させる機能があった。2007年から導入されたC－ATSは、色灯式信号機の表示によって決められた制限速度と、カーブにおける制限速度を超えて列車が通過したときに自動的にブレーキがかかり、制限速度以下になればブレーキが緩む仕組みになっている。

都営浅草線でのみ使われている理由は、乗り入れ先の郊外路線（京浜急行・京成）と規格をそろえるためである。直通運転する範囲が広く、ATCの導入が難しいからだ。

ATC（Automatic Train Control device：自動列車制御装置）

現在、都営浅草線を除く国内すべての地下鉄路線で使われている信号保安装置がATCだ。ATCは、ATSの発展形として開発されたもので、列車を制御するための信号電流をレールに流し、細かい速度調節を自動的に行えるようにしたものだ（図5－3）。具体的にいうと、前方を走る列車との間隔や通過するカーブのきつさ（半径）に応じて細かく制限速度を設定し、それを超えるとブレーキがかかり、制限速度以下になるとブレーキが緩むようになっている。

ATCを日本で最初に導入したのは、1961年に開業した営団（現・東京メトロ）日比谷線だ。国鉄（現・JR）で最初にATCを導入したのは、1964年に開業した東海道新幹線だったので、地下鉄のほうが新幹線よりも導入が早かったことになる。

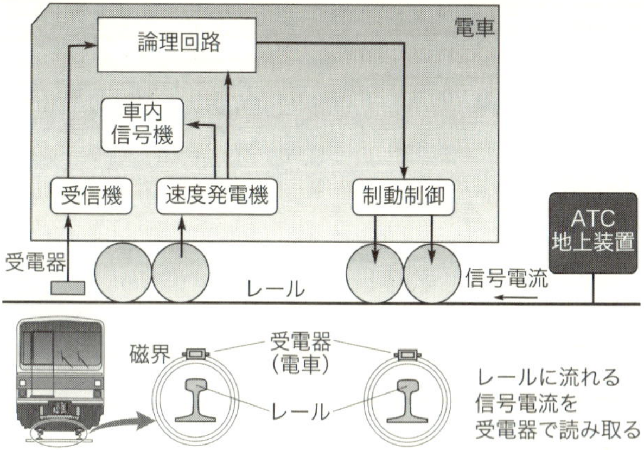

図5-3　ATCの仕組み（車内信号方式）

運転台に置かれた信号機・車内信号機

ATCにはさまざまな種類があるが、信号機を置く場所で大きくわけると、線路に信号機を置く地上信号方式と、列車の運転台に信号機を置く車内信号方式がある。

先に実用化されたのは地上信号方式で、営団日比谷線で最初に導入されたATCもこの方式である。地上信号方式は、現在も大阪市営地下鉄の一部路線で使われており、地上区間では写真5-2のように線路際に複数の色灯式信号機が立っている。

いっぽう車内信号方式は、現在日本の多くの地下鉄路線で使われている。信号機が運転台にあるため、運転士が確認しやすくて見落としにくく、安全上も好ましいからだ。

写真5－2　地上信号方式ATCを採用している大阪市営地下鉄御堂筋線

信号機を車内に設置する試みは20世紀前半に欧米の鉄道で行われていたが、日本の鉄道で実用化されたのは1964年に開業した東海道新幹線が最初だ。新幹線では、列車の速度が速すぎて線路の信号機を運転士が十分に確認できないため、車内信号機（速度信号機）が運転台に置かれた。この信号機では、目標とする速度のランプが点灯し、速度計と信号機が一体化されている。

翌年の1965年には、地下鉄にも車内信号機が導入され、名古屋市営名城線の電車の運転台に取り付けられた。当初は、3色のランプが点灯する色灯式信号機が運転台に設けられたが、2年後に新幹線と同様に速度計と一体化した速度信号機に置きかえられた（図5－4）。区間ごとに異なる制限速度は、速度計のまわりで点灯して表示されるた

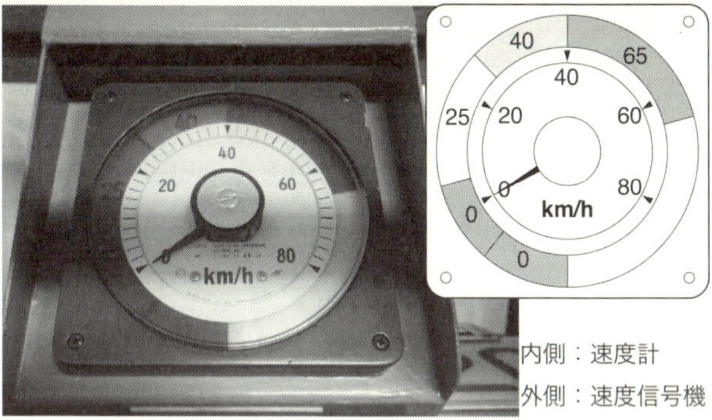

図5－4　速度計と一体化した速度信号機（名古屋市営・レトロでんしゃ館）

め、感覚的にわかりやすい。運転士も確認しやすかったため、のちに他の地下鉄路線でも使われるようになった。いまでは国内のほとんどの地下鉄電車の運転台に速度信号機が設置されている。

所要時間を短縮するATC

近年、日本の地下鉄では、よりきめこまやかな速度制御を可能にした新しいタイプのATCが普及してきた。

新型ATCでは、ブレーキをかけはじめてから停車するまで1段階で列車を減速させている。これを1段ブレーキ制御という（図5－5）。従来のATCでは、多段ブレーキ制御といって、制限速度を指示する速度信号に従ってブレーキを緩めたりかけたりしながら段階的に減速するので無駄があり、乗り心地を悪くするショックが生じやすかった。1段ブレーキ制御では、速度信号の段階を増やし、列

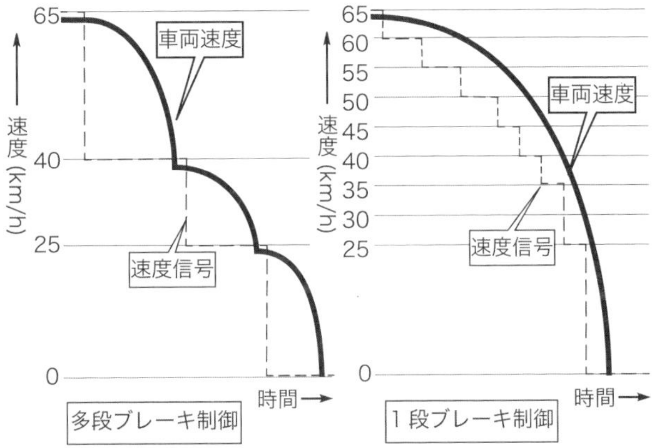

図5-5　多段ブレーキ制御と1段ブレーキ制御

車の速度と停車位置までの距離から停止するまでの速度パターンを自動的に計算し、それに従ってブレーキがかかる。このため、なめらかで無駄がない減速ができるようになり、乗り心地が良くなっただけでなく減速に要する時間や制動距離が短くなった。そのぶん、高速で走れる時間が長くなり、最高速度の向上も可能になった。結果として、全体の所要時間も短縮されることになる。

たとえば、東京メトロ銀座線は、1993年に打子式ATSから1段ブレーキ制御ができるATCに切り換えたことで、最高速度は55km/hから65km/hに引き上げられ、路線全区間（浅草 - 渋谷間14.3km）の所要時間が4分短縮されて30分30秒になった。

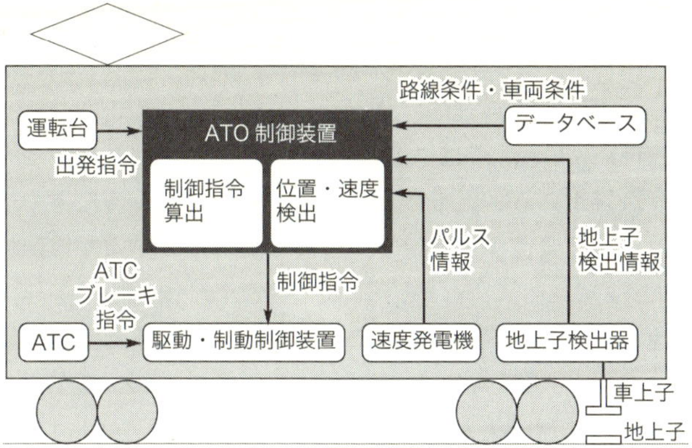

図5-6　ATOシステムの概要

ATO（Automatic Train Operation device：自動列車運転装置）

ATOは、運転士が行っていた運転操作を自動化する装置だ。運転士の負担を減らすだけでなく、ヒューマンエラーによる事故を極限まで減らして安全性を向上させることができる。さらには操作の無駄をなくした合理的運転によって、所要時間の短縮や電車の消費電力低減、乗り心地向上を図ることもできる。信号保安装置としてATCと併用するのが一般的だ。

ATOを導入した電車で運転士が運転操作を行うのは、基本的に発車時だけだ。誤操作防止のため運転台に2つ設けられた発車ボタンを同時に押すか、マスコンハンドルを操作すれば、ATOシステム（図5-6）に発車の合図（出発指令）が送られて列車が動きだし、あとは次の駅に停車

するまで運転操作をする必要がない。加速（力行）・惰行・減速（ブレーキ）といった速度調節はすべて自動化されている。

ATOシステムには、運転士の目や脳、手と同じことを行う機器がある。従来目視で確認していた列車の位置や速度は、速度発電機や地上子検出器がリアルタイムで検知するようになっている。場所ごとに異なる制限速度や加速・減速を行うタイミングなどの情報は、従来は運転士が覚えていたが、ATOシステムではデータベースとして保存されている。運転士が行っていた判断や運転操作はATO制御装置が行っており、列車が走ることで刻々と変化する位置や速度の情報を常にデータベースの情報と照らしあわせることで、そのつど最適な速度を判断している。そして、最適と判断した速度と実際の速度の差が小さくなるように駆動・制動制御装置に指令を出し、モーターやブレーキをコントロール（制御）している。また、ATCと連動することで、路線全体の状況に応じて列車を安全に運転できるようになっている。

現在、ATOは、世界の地下鉄で使われている。ATOによる営業運転を実施した地下鉄は、1968年に開業したロンドン地下鉄のヴィクトリアライン（Victoria Line）が世界で最初であり、1977年に開業した神戸市営西神線が日本で最初である。なお、ATOの導入試験は、2007年に資料が見つかったことにより、1960年に名古屋市営東山線で行われたのが日本初だったことがわかったが、当時は導入費用がかかりすぎるという理由で導入は見送られた。本

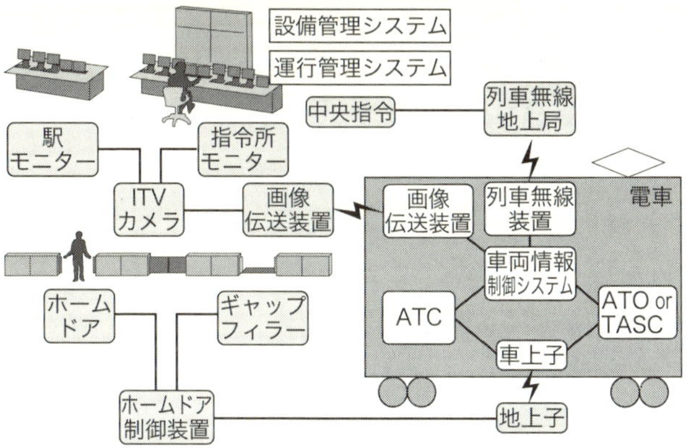

図5-7　ワンマン運転支援システム

格的な導入は、コンピューターの発達による装置の小型化・低価格化が実現し、信頼性が確立されてからだった。

日本でATOが導入された地下鉄路線の多くでは、運転士だけが乗務するワンマン運転が行われている。これは、運転士の負担が減り、従来車掌が行っていた安全確認などの作業を運転士1人でできるようになったからだ。

ワンマン運転については、その実現を支えるホームドアや監視モニターの技術も含めて、次節で説明する。

5-2　ワンマン運転支援システム

鍵はホーム監視作業の省力化

地下鉄では、経営効率の向上を目的にワンマン運転の実

施例が増えている。ワンマン運転には、先に紹介したATOだけでなく、ワンマン運転支援システム（図5-7）が導入されている。このシステムの目的は、省力化を図りながら十分な安全を確保することであり、おもに次の2つのことを行っている。

(a) ITVカメラによるホームの監視

(b) ホームドア の設置

写真5-3　ホームドア（上：全閉タイプ・京都市営東西線、下：半閉タイプ・福岡市営七隈線）

(a) のITVカメラとは、放送を目的としない工業用テレビ（Industrial Television）のカメラのことで、工場内部の監視に使われることからそう呼ばれている。地下鉄ではホームの様子を映し、その映像を指令所や駅の事務室のモニター画面に送る目的で使われており、離れた場所からホームの安全確認ができるようにしている。こうしたモニター画面は、ワンマン運転を実施していない路線でも見られ、車掌や駅員が見通しの悪いホームの先を安全確認する設備として使われている。

(b) のホームドアは、利用者が線路に落ちたり、列車に接触する事故を防ぐためのものだ（写真5-3)。ドア部分の両側には、赤外線で障害物を検知する装置がついている。ドアに人の身体や持ち物の一部が挟まったり、列車のドアとホームのドアの間に人が挟まれると、列車の運転士に情報が伝わり、挟まったまま列車が動き出さないようになっている。

(a) (b) は、どちらも駅のホームにおける安全性の確保が目的となっている。これらの設置は、従来車掌や駅員が行っていたホームの監視作業を機械化することを意味するが、それが、ワンマン運転実施の大きな鍵になっていたのだ。

日本の地下鉄のワンマン運転の歴史

ワンマン運転の実施には、ATOやワンマン運転支援システム以外にも多くの工夫が行われている。それらを日本の地下鉄におけるワンマン運転の歴史を振り返りながら説明していこう。

日本の地下鉄で最初にワンマン運転を行ったのは、福岡市営空港線だ。開業4年目の1984年から実施しており、ATOやITVカメラによるホームの監視システムが導入された。

ホーム監視のモニター画面が電車の運転台に取り付けられたのは、1987年に開業した仙台市営南北線が国内初である。仙台市営南北線では、ホームを監視しやすくするため、すべての駅を島式ホームに統一し、電車が停車する部

分のホームを直線状にして見通しをよくした。また、正面から見た運転台の位置を左側（島式ホーム側）に配置することで、運転士が目視でもホームの安全確認をできるようにした。こうしたホーム構造や運転台の配置は、のちに開業してワンマン運転を実施した名古屋市営桜通線にも採用され、大阪市営長堀鶴見緑地線や都営大江戸線などのリニアメトロにも受け継がれた。

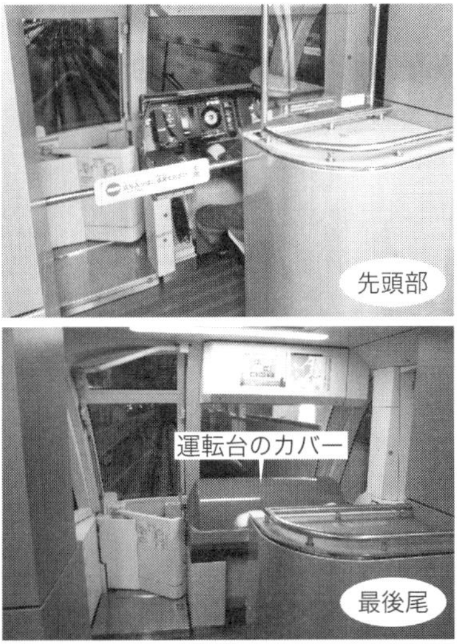

写真5-4　仕切りがなくなった運転台付近（福岡市営七隈線）

ホームドアが導入されたのは、1991年に開業した営団（現・東京メトロ）南北線が国内初であり、ホームドアの障害物検知やホーム監視を含めたホームドアシステムが全駅に完備され、図5-7に示したワンマン運転のための設備がすべてそろった。

ホームドアの設置が遅れたのは、設置に費用がかかるだけでなく、ドアの位置がずれないように列車を正確な位置に停車させることが難しかったからだ。手動運転の場合、運転士の技術だけではどうしても停車位置にずれが生じて

しまう。この問題は、ブレーキ操作を支援するTASC（Train Automatic Stopping Controller：定位置停止装置）が開発されたことで解決した。手動運転でも停止位置の前後35cm以内に列車を停車させることが可能になり、ホームドアが設置できるようになった。

ワンマン運転は、いまでは初期開業路線にも普及している。たとえば東京メトロ丸ノ内線は、もともと車掌が乗務していたが、ATOを導入して全駅にホームドアを設置することで、2009年から全区間でワンマン運転を実施している。

無人運転への取り組み

ワンマン運転の技術は、将来の無人運転を実現させるレベルまで発達してきた。乗務員がいない無人運転が実現すれば、単に人員削減で経営改善ができるだけでなく、乗務員を確保しなくても列車を増発できるため、変化する需要にきめ細かく対応できるという利点がある。

2005年に開業した福岡市営七隈線では、乗務員が行う作業のほとんどを自動化した日本初の全自動運転が実用化された。運転台は収納式になり、運転室と客室の仕切りがなくなり、最後尾の運転席は乗客に開放された（写真5－4）。全自動運転が実現したことで、無人運転も技術的には可能になったとされているが、まだ実施されていない。七隈線でも、開業以来乗務員が「添乗」しており、ドア開閉時などの安全確認や利用者の案内を行っている。

日本の地下鉄が無人運転に踏み切れないのは、安全性の

問題で議論があるからだ。緊急時に避難誘導する乗務員がいないことが懸念されているのである。列車を管理する指令所と連絡がとれる非常通報器（インターホン）を車内に設けて、乗客が使えるようにするなどの対策は行われているが、トンネルの中は避難場所が限られることもあり、利用者から十分な理解を得るのは難しいとされている。

海外では、無人運転を実施している地下鉄がすでに存在する。これらのなかには、地上区間の割合が高い例もあるが、日本の地下鉄と条件が近い例としては、全区間が地下になったパリ地下鉄14号線（メテオール線）がある。パリで無人運転が実現したのは、地下鉄を運営するパリ交通公団（RATP）が無人運転の必要性を十分に説明し、市民から理解を得られたからとされているが、これはフランスの国民性や公共交通機関に対する考え方が日本と異なることも関係している。

5-3　運行管理システム

列車を効率よく運転させ、万が一異常が発生してもスムーズに対応できるようにするには、路線の全列車を一括管理する運行管理システムが求められる。

ここでは日本の地下鉄で使われている運行管理システムとして、CTCとPTCを紹介する。

CTC（Centralized Traffic Control device：列車集中制御装置）

CTCは、路線の全区間または一部区間における列車の

動きを把握し、列車運行の一元管理をできるようにしたものだ。信号機や転轍機（ポイントを動かす機械）を遠隔操作することもできる。

列車運行を管理する運転指令所には、「列車位置表示盤」や「列車集中操作盤」がある。写真5-5は、かつて名古屋市営東山線で実際に使われていたものだ。列車位置表示盤には、列車を識別する列車番号や列車の位置が示され、指令員が「どの列車がどこにいるか」がすぐにわかるようになっている。列車集中操作盤には、線路の配置図の上に「てこ」と呼ばれるつまみが並んでおり、指令員が信号機や転轍機を遠隔操作できるようになっている。連絡手段には指令電話や列車無線電話があり、指令員が駅員や乗務員と直接連絡がとれる。つまり、運転指令所で列車の動きを一括管理することで運行管理の効率を高め、ダイヤが乱れたり、異常が発生したときでも迅速に対応できるようになっているのだ。

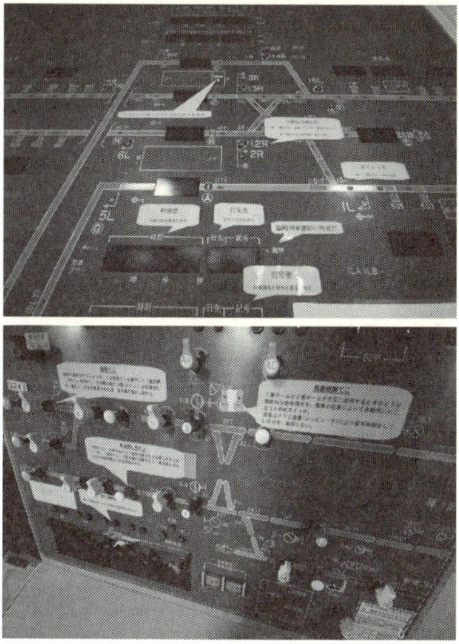

写真5-5　列車位置表示盤（上）と列車集中操作盤（下）（名古屋・市営交通資料センター）

CTCはアメリカで開発され、日本初の地下鉄が誕生した年と同じ1927年にニューヨークセントラル鉄道で最初に導入され、欧米の地下鉄に普及した。日本の鉄道でCTCが本格的に導入されたのは、1964年に開業した東海道新幹線が最初とされており、このあと地下鉄で採用されたが、普及は一般の鉄道より早かった。地下鉄では駅構内でさえも列車の動きがわかりにくく、CTCの必要性が高かったからだ。

CTCが導入される前は、信号機や転轍機の操作を各駅の信号扱所で行っていた。日本最初の地下鉄が浅草－上野間に開業したときは、車庫がある上野に信号扱所が設けられ、運転間隔の調整や車両交換の連絡手配が行われていた。継電器（リレー）を使って電気的に信号機や転轍機を遠隔操作することは、欧米の地下鉄に倣って当時から行われていた。路線網が拡大し、列車本数が増大すると、信号扱所では十分な運行管理ができなくなった。このため、列車無線電話などの通信設備を整えたうえでCTCが導入され、複数の信号扱所が統合されて運行管理の省力化が図られた。

PTC（Programed Traffic Control system：列車運行管理システム）

日本の地下鉄では、CTCよりも広範囲の列車運行が管理できるPTCが1990年代から普及している。PTCは、従来運転指令所の指令員が手動で行っていた作業の多くをプログラムに基づいて自動化したものだ。近年は機能が追加され、鉄道関連の業務を総合的に計画・管理・自動化する

写真5－6　東京メトロの総合指令所（写真提供：東京地下鉄）

ことができるようになった。たとえば、列車ダイヤを回復する運転計画をシステムが指令員に提案したり、乗務員や車両の手配、駅での自動放送やLED案内表示板の制御なども行うことができる。

現在の東京の地下鉄は、相互直通運転が盛んで列車の運用がとくに複雑であるため、こうした運行管理システムの必要性が高い。

東京メトロには総合指令所があり、地下鉄全体を一括管理している（写真5－6）。これは、列車の運行を管理する運輸指令だけでなく、変電所などの電気を管理する電力指令、車両の異常に対応する車両指令、火災や自然災害に対応する施設指令を一元化したもので、業務の効率化を図るとともに、異常時の対応を迅速に行えるようにしている。

機械化の難しさ

列車運行を管理する技術は、機械化によってヒューマンエラーを防ぐことを目的の一つとして発達してきたが、過度に機械化を進めると、新たな問題が生じる。人間が機械に頼りすぎて、いざというときに的確な判断ができなくなるからだ。

実際に機械の過信による事故も起きている。大阪市営長堀鶴見緑地線では、2010年3月15日にポイントが故障し、早朝から5時間以上も運休した。事故直後に大阪市交通局が発表した資料によれば、原因は、運転士と指令員の両方が「ポイントが自動的に切り替わり、列車の進路が確保されるだろう」と思い込んだことにあり、誤って通過した列車がポイントを破壊したことで長時間の運休を招いたとされる。幸い、けが人が出る事故には発展しなかったが、高度化した技術のもろさを露呈した。

機械化の意味を問う出来事も起きている。2010年10月には、福岡市営空港線で運転士1人が漫画雑誌を読みながら運転していたことが明らかになった。これでは、なんのためにATOを導入したかわからない。

これらの実例は、機械化だけでは安全確保ができないことを示しているといえる。

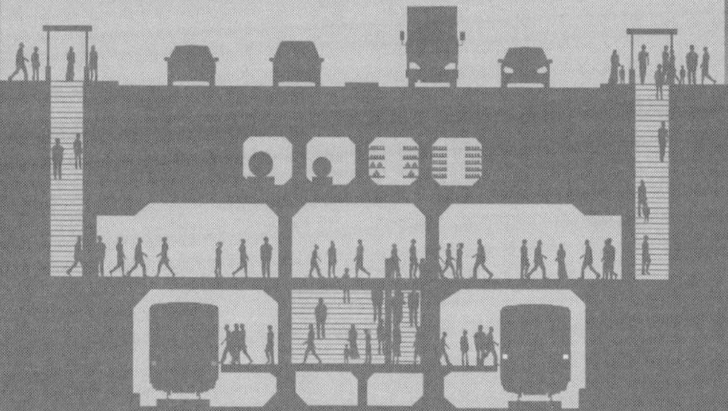

第6章

車両技術

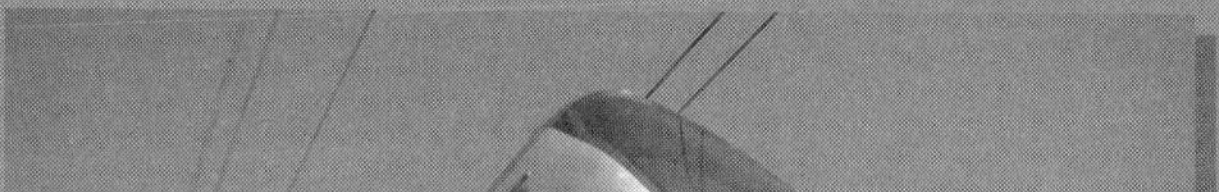

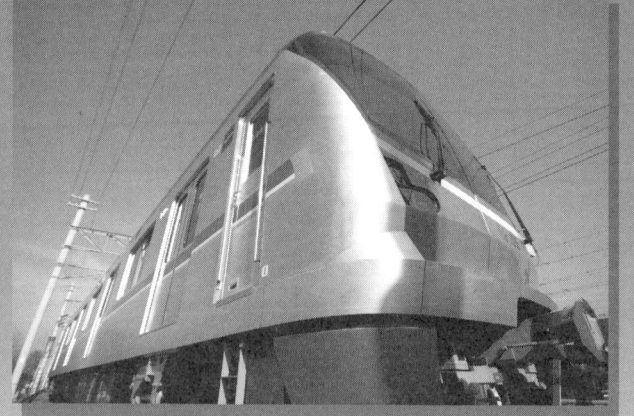

東京メトロ 16000 系（公開イベントにて）

現在、世界の地下鉄で活躍する車両は、ケーブルで駆動する一部車両を除けばすべて電車だ。地下鉄電車は、基本的に一般の電車と構造が同じだが、日本では先頭部に必ず貫通扉を設けるなど地下鉄電車ならではの仕様もある。本章では日本の地下鉄を中心にそれらを部分ごとに見ていこう。

6-1 地下鉄電車の構造と設備

デザインが難しい地下鉄電車

「地下鉄電車をデザインすることは、特急電車をデザインするよりはるかに難しい」。これは、ある鉄道車両デザイナーから聞いた言葉だ。

特急電車は、いままでにない目新しさやアピール度が求められることが多く、使われ方や目的がはっきりしているのでデザインしやすい、というのだ。地下鉄電車は、火災対策などの制約が多いうえに道具としての要素が多い。目立たせるよりも安全性や快適性を前面に出す必要があるが、そればかり意識すると、みな同じになってしまう。たとえば、バリアフリーのガイドラインどおりにすると、内装にちがいがなくなる。そうしたなかで、さらに新しく、乗客が利用しやすい地下鉄電車にするには、特急電車とはちがった、人間工学やユニバーサルデザインを踏まえた高度なデザインが求められるという。また、地下鉄電車を含めた通勤電車に対する考え方や使われ方は、国や地域によ

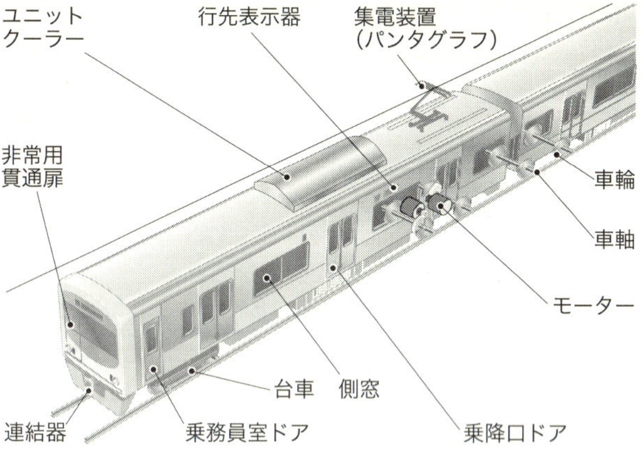

図6－1　地下鉄電車の構造（架線方式の一例）

って異なる。デザインでは、こうしたちがいも考慮しなければならないという。

デザインの難しさは、地下鉄電車の特徴とも関係している。その特徴とはなにか。地下鉄電車の構造を見ながらせまってみよう。

日本の地下鉄電車の基本構造

地下鉄電車は、図6－1のような構造になっているが、基本的にJRや私鉄の通勤電車と同じ構造をしており、外観上の大きなちがいはない。ただし、地下鉄を走るための特殊装備も存在するので、このあと部分ごとにくわしく説明することにしよう。

なお、構造が特殊なゴムタイヤ式地下鉄やリニア地下鉄

の電車については、第7章でくわしく説明する。

車両構造と寸法

日本の地下鉄電車は、札幌のゴムタイヤ式電車を除き、1つの車体を2つの2軸台車で支えている。これをボギー構造という。海外の地下鉄でも、ボギー構造の電車を採用した例が多い。

国内外の地下鉄電車をくらべてみると、長さやドアの位置などが異なる（図6－2）。

日本の地下鉄電車だけを見ても、長さや高さ、幅にバリエーションがある。1両の長さ（最大長さ）は、大きくわけて15～16m・18m・20mの3種類ある。最大高さは、架線方式のほうが第三軌条方式よりも高い。最大幅は、JRや私鉄と同じ2.7～3.0mのものが多いが、初期につくられた地下鉄では、建設費削減のため狭くなっている例がある。たとえば、日本初の開業区間を走った東京地下鉄道では2.593mで、戦後まもなく開業した名古屋市営東山線では、さらに8.5cm狭くして2.508mとしている。

電車の高さや幅などを含めた車両断面の形状は、第2章で紹介した車両限界で決められている。また、一般的に最大長さは短いほうが急カーブを曲がりやすいが、相互直通運転を行う場合は、乗り入れ先の鉄道に規格をあわせることが優先される。

車両の材料

日本の鉄道車両の火災対策には、1969年に制定された

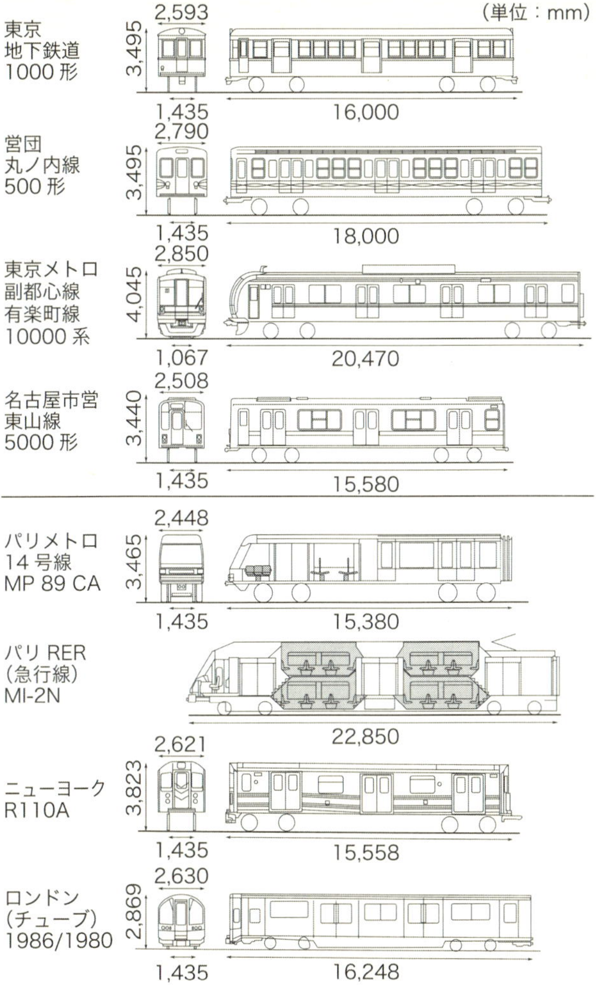

図6-2　地下鉄電車の寸法（先頭車・1／400）

耐燃焼性基準があり、北陸トンネル事故など重大な列車火災事故が起きるたびに改定されてきた。車両に使用する材料や車両構造が細かく定められている。

日本の地下鉄電車の構体は金属製だ。構体とは車体の基礎部分のことで、柱や梁などの骨組みや外板などが含まれる。構体に使われている金属は、普通鋼、ステンレス鋼、アルミニウム合金の3種類がある。それぞれの材料を最初に使った日本の地下鉄電車は、次のとおりだ。

全鋼製車体：東京地下鉄道1000形（1927年）

セミステンレス鋼製車体：営団地下鉄日比谷線3000系（1961年）

オールステンレス鋼製車体：横浜市営地下鉄2000形（1984年）

アルミニウム合金製車体：営団地下鉄東西線5000系（1966年・2次車）

全鋼製車体は、構体のすべてが普通鋼でできたもの。日本初の地下鉄電車が、欧米の地下鉄に倣って採用した。木製車体や半鋼製車体の車両が多かった当時は珍しい電車だった。なお、現在は木製車体や半鋼製車体の車両が国内にわずかしか存在しないため、ほぼすべての鉄道車両の車体が金属製になっている。

セミステンレス鋼製車体は、全鋼製車体の一部（外板など）に錆びにくいステンレス鋼を使ったもので、オールステンレス鋼製車体は、構体をすべてステンレス鋼製にしたものだ。アルミニウム合金製車体は、軽くて腐食しにくいアルミニウム合金を使っている。

現在、日本では、地下鉄電車を含めた通勤電車で、塗装を行わないオールステンレス鋼製車体またはアルミニウム合金製車体を採用した例が多くなっている。塗装を行わないのは、車両維持費を低減し、車庫や沿線の環境を改善するためだ。全鋼製車体は定期的に塗装しないと錆びて劣化するが、塗装には人件費や設備費がかかる。また、塗装に使用する有機溶剤は、人体に有害であり消防法で定められた危険物でもあるため、取り扱いや有機溶剤の蒸気の拡散を防ぐために多額の費用が投じられている。とくに地下鉄の車庫（工場）は人口密度の高い場所にあることが多いため、こうした対策を強化する必要がある。

塗装が不要になれば、これらの問題は解決する。金属面を露出した銀色の電車が増えたのはこのためだ。

第2次大戦後、走行エネルギーを減らして消費電力を少なくするため、車体の軽量化も進められてきた。当初、オールステンレス鋼製車体はアルミニウム合金製車体よりもはるかに重かったが、近年は材料や構造を見直して軽くした軽量ステンレス鋼製車体が実現し、アルミニウム合金製車体との重量差が小さいものもある。軽量化は、車体に求められる強度などを十分に確保しながら、構造を工夫することで実現している。

アルミニウム合金製車体でダブルスキン構造を採用した例も増えている。ダブルスキン構造の構体には、2枚の板材の間にリブをトラス状に配置した大型の中空押出形材が使われており、新幹線電車にも使われている。構体が2重構造になるため遮音性に優れ、車内を静かにできるなどの

写真6－1　東京メトロ東西線の電車（2007年）

利点がある。アルミニウム合金を高い精度で加工する技術が発達したため、東京メトロの新型電車（10000系）のように先頭部が緩いカーブを描く車体も登場している。

地下鉄電車では、アルミニウム合金のリサイクルも行われている。営団（現・東京メトロ）は、東西線の初代電車（5000系・写真6－1）でセミステンレス鋼製とアルミニウム合金製の2種類の車体の電車を導入したが、廃車時のスクラップでアルミニウム合金だけを回収して再生地金をつくり、新車（05系）の内装材に再利用した。同様の再利用は、札幌市営地下鉄の電車でも行われている。

非金属材料の採用基準

電車を構成する部品には、材料が金属以外のものがある。たとえば、座席のモケット（織物）や、床材などは金属ではない。燃焼基準では、これらも燃えない不燃性材

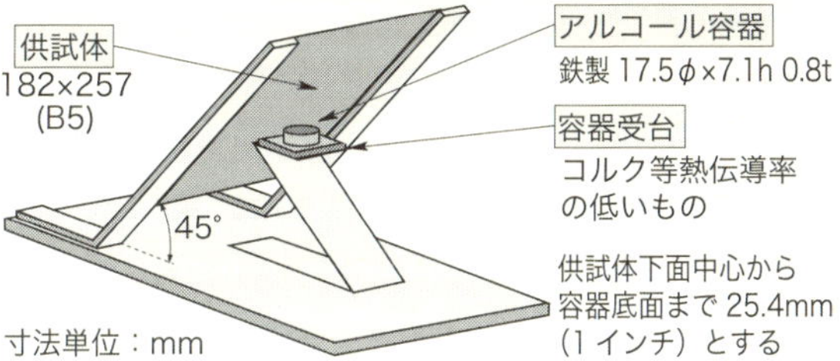

図6－3　非金属材料の試験方法

料、または燃えにくい難燃性材料にすることが定められている。たとえば座席のモケットは、外観ではわからないが、万が一着火しても燃え広がりにくい材料が使われている。なお、地下鉄電車も一般の通勤電車も、同じ燃焼基準である。

非金属材料の判定には、長らく図6－3に示す試験器具が使われていた。テストする材料の近くでエチルアルコール（0.5cc）を燃やし、材料の着炎や着火、煙の出方などを確認する。エチルアルコールが燃えつきたあとも、残炎や残じん、炭化した範囲などを確認する。これらの結果が、定められた規格をクリアした材料のみが使用可能となる。判定は、燃えにくい順に不燃性・極難燃性・難燃性の3段階があり、それぞれの材料が使える部位が細かく決められていた。

2003年、この基準を大きく変える事件が起きた。韓国のテグ（大邱）広域市地下鉄での放火事件であり、2列車の電車が燃えて多数の死者が出た。このとき日本でも同様の事故が心配されたが、日本には韓国よりもきびしい燃焼

基準があるため、同様の列車火災は日本では発生しないとも報じられた。しかし、地下鉄を含めた日本の鉄道に与えた影響は大きく、この事件を機に電車（車両）の耐燃焼性基準や、駅などの火災基準が見直された。

電車（車両）の内装の制約もいっそう増えた。たとえば、火災時に炎が当たる可能性が高い天井の化粧板や蛍光灯カバーは、熱で垂れ落ちる溶融滴下が起こると延焼が拡大する恐れがあるため、非金属材料の判定として、コーンカロリーメータによる発熱性と耐溶融滴下性の試験が追加された。これにより、内装に使う材料が見直され、蛍光灯カバーを廃止するなどの構造の見直しが行われた。

貫通扉

日本の地下鉄電車では、先頭部の正面に必ず「扉」がある。これを「貫通扉」という。一般的には車両間を行き来するための貫通路の確保に使うためのものだが、地下鉄では非常時の避難路としても位置づけられている。先ほどの耐燃焼性基準にも、地下鉄電車の先頭部に貫通扉を設けることが定められている。

図6－4に、おもな地下鉄電車の「顔」を示す。地下鉄が保有する電車のみならず、地下鉄に乗り入れる電車でも正面に貫通扉がついているのがわかる。小田急電鉄の特急電車（MSE）は、東京メトロ千代田線（一部列車は有楽町線）に乗り入れるため、流線型の先頭部を持ちながらも貫通扉が設けられている。

地下鉄の列車では、基本的に連結や切り離しが行われな

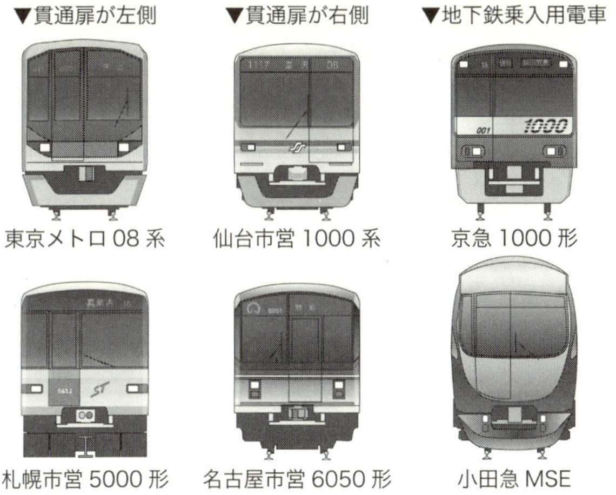

図6－4　地下鉄電車の「顔」

いため、こうした先頭部の貫通扉を貫通路に使うことがない。そこで、近年は、非常時のみ使う貫通扉を正面から見て左側に設ける例が多くなっている。左側に寄せることで、右側にある運転台のスペースを広く取ることができ、視認性が高まるからだ。仙台市営南北線や名古屋市営桜通線では位置関係が従来と逆で、運転台が左側、貫通扉が右側になっている。これは、第5章で紹介したように、ワンマン運転をしやすいようにするためである。

地下鉄で貫通扉が必要となるのは、非常時に側面の乗降口ドアから避難しにくい場合があるからだ。たとえば、単線トンネルでは、左右両側の壁が電車に接近するため、避難するための空間が十分にない場所がある。そこで、列車の前後から線路に降りられるよう、貫通扉が設けられてい

図6－5　非常用ステップ（営団6000系）

るのだ。

乗務員室などには、貫通扉から線路に降りるときに使う仮設の階段が置かれている。なかには、貫通扉と階段を一体化した例もある。1968年に登場した営団千代田線の電車（6000系）は、貫通扉が前方に倒れると階段になる非常用ステップを採用した（図6－5）。

なお、地下鉄以外の鉄道にも地下区間があり、先頭部に貫通扉がない電車が走っている例がある。このような地下区間では、車体側面から避難ができるように、トンネル断面が広く、また避難路が確保してある。

乗降口ドア

地下鉄電車では、乗降口ドアの数を増やしたり、ドアの幅を広げることで、乗り降りしやすくなるよう工夫されている。乗降にかかる時間を短くすれば、所要時間の短縮を図れるし、列車の遅延が発生しにくくなり、列車運転の安

定性も保てるからだ。

日本初の地下鉄電車は、乗降口ドアが1枚の片開きで、1両の車体の片側に3ヵ所ドアを設けた3扉車だった。現在の日本の地下鉄電車は、2枚のドアが開閉する両開きで、片開きよりも開閉に要する時間が短い。ドアの数が3ヵ所または4ヵ所の3扉車、4扉車が基本になっている。車体長20mの電車では、ほとんどが4扉車だ。

さらに乗降口ドアの数を増やした例もある。東京メトロ日比谷線では、1両の最大長さ18mと短めであるにもかかわらず、5扉車が走っている。東京メトロ半蔵門線に乗り入れている東急電鉄田園都市線の電車（最大長さ20m）では、6扉車も見られる。これらは、ホームにおける階段の位置が近い車両など、編成の中でいちばん混み合う位置の車両に組み込まれている。

ドアの数を増やさず、幅を広げた例もある。東京メトロ東西線では、4扉車のままで乗降口の幅を1.8m（通常は1.3m）に広げたワイドドアを採用した電車が走っており、ホームにおける乗降位置を変えずに乗り降りしやすくしている。

バリアフリー化も実施されている。車椅子での乗降しやすさを考えて、近年の電車は、車体床面の高さを従来よりも低くして、乗降口ドアとホームの間の段差を小さくしている。

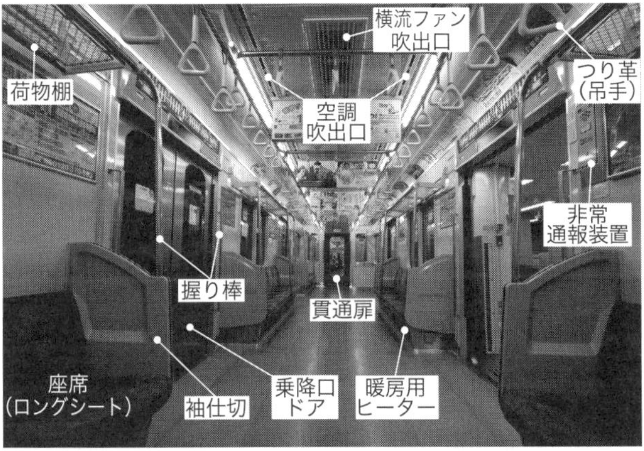

写真6－2　地下鉄車内の例（横浜市営ブルーライン）

6-2　車内設備

座席

次に車内（写真6－2）に目を向けてみよう。

座席の配置は、混み合う地下鉄では乗り降りのしやすさに影響する。日本の地下鉄では、ほとんどの電車で混雑緩和のためロングシートが採用されている。立ち客のための床面積を広げて立ち客を増やし、1両あたりの定員を増やして輸送力を高めるためだ。

地下鉄に乗り入れる私鉄の列車の中には、固定セミクロスシート（京阪）や、転換クロスシート（京浜急行）、リ

クラインニングシート（小田急「ロマンスカーMSE」）を採用した例がある。

海外の地下鉄でも、ロングシートの電車が多く見られるが、ロンドンやパリの地下鉄の一部路線のように、クロスシートの電車が走っている路線も存在する。日本の地下鉄ほど混雑することがないからだろう。

乗客が腰掛ける座面は、乗客が直接ふれる部分であるため、国で異なる人の好みや価値観、治安などが深く関係している。日本の地下鉄では、ある程度クッション性があるほうが好まれるため、コイルばねやクッション材でクッション性を持たせたものが座面に使われており、表面にモケットが張られている。ニューヨークの地下鉄では、FRP（ガラス繊維強化プラスティック）でできた座面が使われており、落書きが消しやすくなっている。香港の地下鉄では、平均気温が高くて前に座った人の体温が座面に残るのを嫌う人が多いことから、熱伝導率が高いステンレス鋼製にして座面を暖まりにくくしている。

袖仕切、つり革、握り棒

袖仕切は東京の地下鉄でよく見られるもので、乗降口ドアの横に立つ人が座る人にもたれかかるのを防いでいる。日本の地下鉄の混雑状況を反映した設備だ。

車内のつり革や握り棒は、立っている乗客の転倒を防ぐためのものだが、これらの形なども地域によってバリエーションがある。

日本の地下鉄では、車内に多くのつり革（吊手）がぶら

写真6-3　ロンドン地下鉄の「つり玉」

下がっており、ドア付近や座席の端に握り棒や手すりが設けられている。樹脂でできたつり革の握る部分は、円形や三角形のものがある。近年はユニバーサルデザインを取り入れ、握る部分の形や高さを変え、さまざまな体格の人がつかまりやすくなっている。

ニューヨークの地下鉄では、握り棒や手すりはあるが、破損の被害を防ぐため日本で見られるようなつり革はない。ロンドンの地下鉄では、車内に「つり革」ならぬ「つり玉」がぶら下がっている。写真6-3をみると、1938年からつかまる部分がベルトから玉状に変わっているのがわかる。

握り棒は、近年バリアフリー、ユニバーサルデザイン、人間工学の観点から使いやすさが重視されており、地域ごとにさまざまな形状のものが使われている。また、車内に

車椅子スペースを備えた電車も増えている。

荷物棚

側窓の上に設けられる荷物棚にも地域性が見られる。地下鉄は、一般的に乗車時間が短いため、一般の鉄道にくらべて荷物棚の必要性は低いとされる。このため、海外の地下鉄では、荷物棚がない例が多いが、日本の地下鉄の多くでは設けられている。海外の地下鉄よりも長時間乗っている人が多いからであろう。

日本の地下鉄の中にも荷物棚を小さくしたり、なくした例もある。1980年に登場した名古屋市営東山線の電車（5000形）では、ロングシートの両側にある握り棒の上だけに荷物棚を設けた。ただし、のちに登場した電車では一般的な荷物棚が復活した。札幌市営地下鉄では、短距離移動の利用者が多いため、開業以来車内に荷物棚がない。

車内照明

地下鉄は長時間トンネルの中を走るため、車内照明の重要度が高い。日本の地下鉄では、当初白熱電球が車内照明に使われていたが、1949年から蛍光灯が使われるようになり、営団銀座線で最初に導入された。その後長らく蛍光灯が使われてきたが、現在は省エネルギーで長寿命なLED（Light Emitting Diode）や、その一種である有機EL（Organic Light Emitting Diode）の導入が検討されている。

鉄道車両の車内照明へのLED導入はすでにはじまって

おり、最新型の新幹線電車（N700系）のグリーン車や小田急電鉄の特急電車（50000形）の補助照明に使われている。通勤電車の車内照明としては、阪急電鉄やJR東日本で導入が始まっている。地下鉄の車内で見られる日もそう遠くはないだろう。

空調

車内空調は、車内の温度や湿度を快適に保つものだ。現在、日本では、札幌を除くすべての都市の地下鉄で車内の暖房と冷房の両方が実施されているが、海外の地下鉄では冷房を実施していない例が多い。なお、車内冷房については、多くの工夫によって実現したため、第7章でくわしく説明する。

実際の車内空調は、暖房を座席下のヒーター、冷房を屋根上のクーラーで行っている。日本の地下鉄電車では、クーラーとして、圧縮器・熱交換器・送風器をユニット化したユニットクーラーがよく使われている。

近年の電車では、座席下にあった大きなカバーがなくなり、床敷物が側壁まで伸びている。こうした座席には、小型でスリムなヒーターとカンチレバー式シートが採用されている。カンチレバー式シートは、床ではなく側面の壁が支えるようにした座席のことで、ヒーターは、座ブトンの裏側にある（写真6－4）。床面に凸部がないため、車内清掃が容易になる。

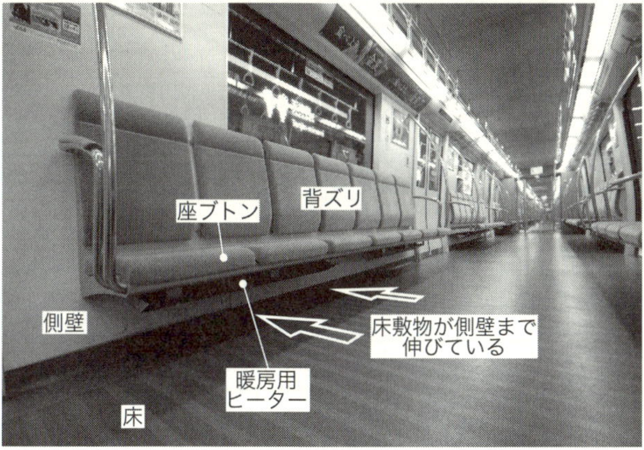

写真6-4　カンチレバー式シート（福岡市営七隈線）

非常通報装置と消火器

緊急時に対応するため、車内には非常通報装置や消火器が設けられている。非常通報装置は、車内の壁に設けられており、ボタンを押すと乗務員、または指令所の指令員と通話できるようになっている。消火器は、車内で火災が発生したときに消火するためのものだ。前述の韓国での放火事件以降、設置位置を示すステッカーを貼るなど、乗客が見つけやすいように工夫されている。

乗務員室

乗務員の運転操作は、運転台のハンドルやボタンで行う。古いタイプの電車（写真6-5上）では、運転台の左

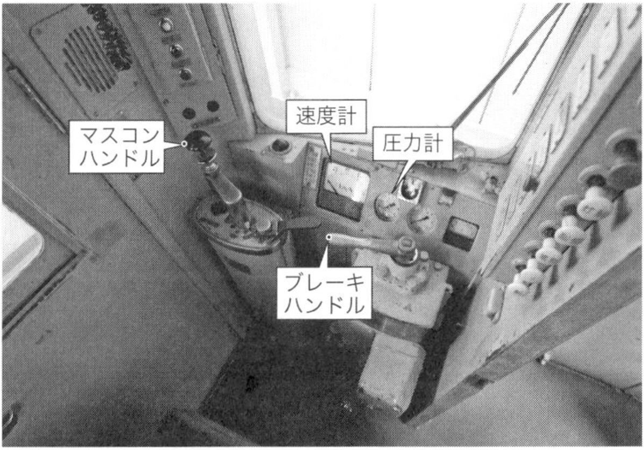

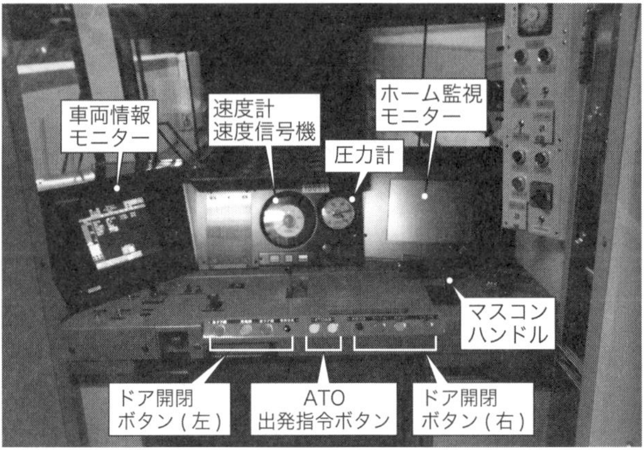

写真6-5　地下鉄電車の運転台（上：名古屋市営100形　下：横浜市営10000形）

右に2つハンドルがあるツーハンドル式で、左のマスコンハンドルで列車を加速させ、右のブレーキハンドルでブレーキをかける。近年は1つのマスコンハンドルで加速と減速の両方ができるワンハンドル式も増えている。また、ワンマン運転を行う電車（写真6－5下）では、ATO制御装置に発車の合図を送る出発指令ボタンを設けている。モニター画面には、ホームの様子だけでなく、車内の室温などの細かい情報が映し出される。

近年はデッドマン装置が採用されている。デッドマン装置とは、運転士が急病などになって運転操作ができなくなったときに列車を急停車させるもので、運転士がハンドルなどから手を離したり動作がなかったりすると異常を検知して作動する。

車掌が操作するおもな装置には、戸閉スイッチと連絡ボタンがある。戸閉スイッチは乗降口ドアを一斉に開閉するもので、連絡ボタンはブザーで運転士と連絡をとるためのものだ。

6-3　電車を動かす電機品

地下鉄電車を動かす電機品の構造は、一般の通勤電車と同じだが、各部品に新しい技術を導入した例が多い。

モーター（主電動機）

台車に取り付けられたモーターは、制御装置から送られて来た電気で回転し、車輪を回す役割をしている。モータ

ーの回転力は、駆動装置を介して車軸に固定した車輪に伝えられる。

電車のモーターには、長らく直流直巻モーターをはじめとする直流モーターが使われていた。加速と減速を繰り返す鉄道車両に適した性質を持ち、制御が容易だったからだが、電磁石の磁極を変える整流子が摩耗しやすく保守の手間がかかるという問題があった。近年は、のちほど紹介するVVVFインバータ制御が実現したため、整流子がない交流モーターが使われている。

交流モーターには、誘導モーターと同期モーターがあるが、日本の電車では誘導モーターの一種である三相かご型誘導モーターがおもに使われている。小型で軽く、保守が容易なのが大きな特徴だ。

いっぽう、同期モーターの一種である永久磁石式同期モーターも使われはじめている。永久磁石式同期モーターは、回転子に永久磁石が使われているため誘導電流が流れず、消費電力が少なくて効率が高い。また、発熱量が少ないため、外気取り込みによる冷却が不要であり、密閉化による低騒音化が図れるという利点がある。

東京メトロは、永久磁石式同期モーターの導入に積極的であり、2010年から丸ノ内線の電車（02系）の更新車、千代田線に投入されている新車（16000系）にも導入している。

制御装置

制御装置は、モーターを制御し走行速度を調節する電車

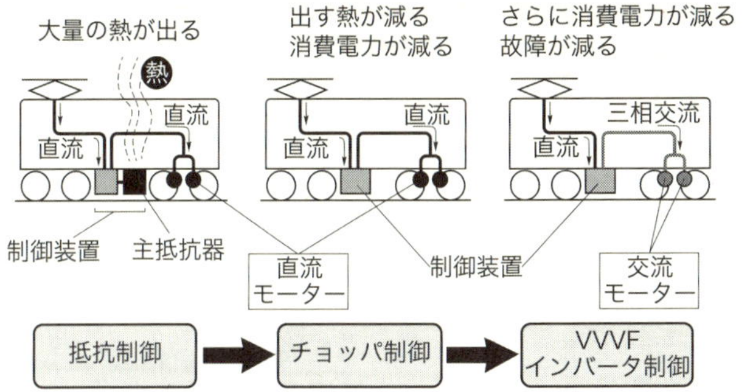

図6-6　地下鉄電車の制御方式

の要だ。地下鉄の電車では、常に新しい制御装置が導入されてきた。省エネルギー化のためだけではなく、排出する熱を減らしてトンネルの温度上昇を防ぐという、地下鉄ならではの理由があった。

日本の地下鉄に採用された制御方式は、おもに3種類ある（図6-6）。日本初の地下鉄電車で使われたのは、シンプルな抵抗制御だった。抵抗制御は、床下に搭載された主抵抗器でモーターに流す電流を調節するというものだが、主抵抗器から熱が出るという問題があった。

主抵抗器は、加速のときだけでなく、減速するときも熱を発する。発電ブレーキ（図6-7）を使うとき、モーターが発電した電気を消費して熱に変換するからだ。発電ブレーキは、モーターに生じる回転を妨げる力を利用して減速させる電気ブレーキの一種である。高速走行時でも大きなブレーキ力が得られ、制輪子（ブレーキシュー）や車輪の摩耗を大幅に減らすブレーキとして、長年電車で使われ

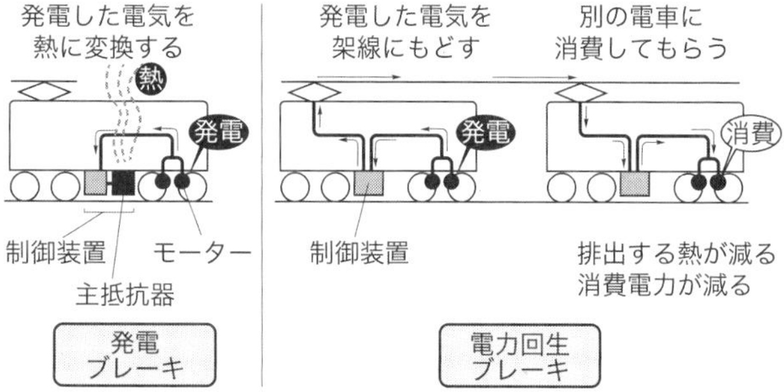

図6-7　発電ブレーキと電力回生ブレーキ

ている。

初期の地下鉄電車では、抵抗制御と発電ブレーキを採用したため、主抵抗器から大量の熱を放出していた。これがトンネル内部の温度を上昇させ、夏の地下鉄を蒸し暑くする原因になった。

そこで開発されたのが、チョッパ制御と電力回生ブレーキであり、1960年代後半から地下鉄電車に導入された。その目的は、一般的には省エネルギー化とされるが、地下鉄では、熱源となる主抵抗器をなくすためだったといっても過言ではない。

チョッパ制御は、パワーエレクトロニクス技術を応用した制御方式である。主抵抗器がなくてもモーターを制御できる。

電力回生ブレーキは、発電ブレーキと同じ電気ブレーキの一種である。モーターが発電した電気は、架線または第三軌条に戻し、他の電車に消費してもらうことでブレーキ

力を得るため、主抵抗器が不要になる。

どちらも結果的に消費電力を減らし、省エネルギーにつながるが、地下鉄ではトンネル内部の温度上昇を防ぐうえで大きな効果を発揮した。

現在の地下鉄電車では、VVVFインバータ制御と電力回生ブレーキの採用例が増えている。VVVFインバータ制御は、チョッパ制御と同様に主抵抗器を使わない制御方式であるが、整流子がなく保守が容易な交流モーターを制御する点がチョッパ制御と異なる。

日本の鉄道では、路面電車で最初にVVVFインバータ制御が実用化されたが、路面電車以外の大型電車では、大阪市営20系電車が最初で、1984年以降に量産された電車から導入された。

第7章

地下鉄の特殊技術

ユニットクーラー真下の天井（大阪市営御堂筋線）

地下鉄には、まだまだ多くの工夫がある。最後となる本章では、地下鉄に導入された特殊な鉄道システムとしてゴムタイヤ式地下鉄とリニア地下鉄を紹介する。また、日本の地下鉄の大きな課題だった夏の暑さ対策と騒音対策についても解説する。

7-1 ゴムタイヤ式地下鉄

国内では札幌のみ

ゴムタイヤ式地下鉄とは、鉄車輪ではなくゴムタイヤ車輪で車体を支える電車が走る地下鉄だ。日本では札幌市営地下鉄で採用されており、海外ではフランス・パリの地下鉄などで見ることができる（写真7－1）。

ゴムタイヤ式地下鉄は、もともと加速・減速の性能向上と騒音低減を目的にパリで開発された。海外各地のゴムタイヤ式地下鉄は、パリで開発されたシステムを採用しているものがほとんどである。札幌では、建設費削減も視野に入れて独自の走行システムを開発・導入した。パリ方式システムと札幌方式システムとは台車や線路の構造が異なる。

パリで生まれたゴムタイヤ式地下鉄

まずはパリで採用されている方式（パリ方式）を紹介しよう。パリ地下鉄「メトロ」でゴムタイヤ車輪の電車が走りはじめたのは1956年で、札幌市営よりも15年導入が早

■パリ方式（パリ地下鉄１号線）

■札幌方式（札幌市営南北線）

写真７－１　ゴムタイヤ式地下鉄

かった。

パリの「メトロ」が開業したのは1900年だが、当時は2本の鉄レールの上を鉄車輪が転がるという従来システムを採用していた。だが、「メトロ」でいちばん古い路線である1号線では、現在、ゴムタイヤ車輪の電車が走っている。従来システムの電車や線路を改造して導入したのだ。いっぽう札幌市営地下鉄の方式（札幌方式）は、従来システムとまったく互換性がない。これがパリ方式と札幌方式で大きく異なる点だ。

パリ方式の開発は1951年から行われたのだが、この背景にはパリの「メトロ」特有の事情があった。「メトロ」は駅間が平均約300mと短く、停車する頻度が高いため、距離のわりに所要時間がかかっていた。また、パリでは、第二次世界大戦の影響で地下鉄の保守が一時期十分に行われなかったため、電車や線路を改良して保守しやすくすることが求められた。

鉄車輪の代わりに滑りにくいゴムタイヤ車輪を用いれば、急な加速・減速が可能になり、所要時間の短縮が図れる。ゴムタイヤ車輪は弾性があり、振動や衝撃を吸収するため、電車や線路の損傷も少なくなるし、騒音が小さくなって乗り心地もよくなる。パリ方式が開発されたのは、こうした効果を期待し、「メトロ」を改良するためだったのだ。

パリ方式では、自動車用タイヤメーカーとして知られるミシュランが、ゴムタイヤ車輪と案内システムの開発に携わっている。車両開発では、自動車メーカーであるルノー

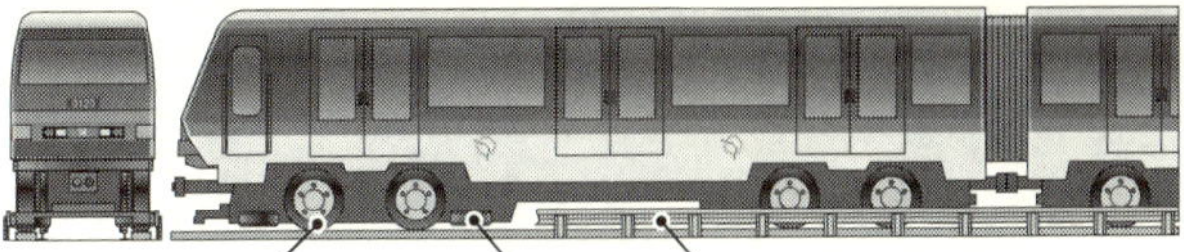

図7-1　パリ方式の電車（MP 89 CC）

も携わっている。

ゴムタイヤ車輪と鉄車輪が共存？

実際の電車を見てみると、車体の下にゴムタイヤ車輪があるのがわかる。写真7-1上では、電車とトンネルの天井との間の空間がすっきりしている。左右の案内レールが電気を供給しているため、架線がないからだ。

次に線路を見てみよう。ゴムタイヤ車輪が接する走行路と案内レールが左右2本ずつあり、さらに一般の鉄道と同じ鉄レールが2本敷いてある。これは、もともと鉄レールが敷いてあった線路に、走行路と案内レールを追加したからだ。案内レールは案内車輪と接して電車の進路を誘導するだけでなく、電車に直流750Vの電気を供給している。左右にある案内レールの片方がプラス極、もう片方がマイナス極となっており、電車の集電装置と接している。

図7-1にパリ方式の電車の構造を示す。電車は、1車体を2台車で支えるボギー車となっており、輸送需要にあわせて3～6両編成で運転されている。台車には2種類のゴムタイヤ車輪がついている。一つが走行車輪で、走行路面の上を走って車体を下から支える役割を持つ。もう一つが

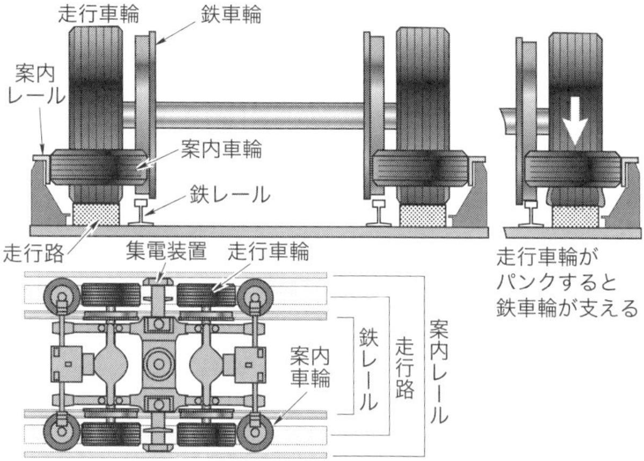

図7－2　パリ方式の走行システム

案内車輪で、左右の案内レールと接して電車の進路を誘導する役割を持つ（図7－2）。このほかにも、走行車輪と車軸を共有する鉄車輪があり、ゴムタイヤ車輪のバックアップ車輪として機能している。通常、鉄車輪は鉄レールと接していないが、ゴムタイヤ車輪がパンクすると鉄レールの上を転がって車体を支えるようになっており、電車が大きく傾くのを防ぐ。線路が分岐するポイントでは、鉄車輪と鉄レールが電車の進路を誘導するようになっている。

ゴムタイヤ車輪の導入によって、パリの「メトロ」で発生していた問題点に改善が見られた。このため、リヨンやマルセイユといったフランス国内の地下鉄のみならず、カナダのモントリオールやメキシコのメキシコシティーの地下鉄にもパリ方式が採用された。

だが、のちになって鉄車輪を用いる従来方式に対する大きな優位性が見られなくなった。従来方式でも走行性能が向上し、騒音も少なくなったからだ。パリ方式では線路構造が複雑になってかえってコスト高になるなど、不利な点も見られはじめた。パリの「メトロ」14路線の中でゴムタイヤ式を採用したのは5路線にとどまっており、他の路線では鉄車輪を用いる従来方式が採用されている。

フランスのリールなどの都市では、パリ方式とは構造が異なるゴムタイヤ式地下鉄がある。このシステムは「VAL」と呼ばれ、日本における側方案内式の新交通システムと似た構造を採用している。

ゴムタイヤ車輪のみで走る札幌の地下鉄電車

札幌市営地下鉄では、1971年に南北線が開業した当初からゴムタイヤ式を採用しており、現在も東西線や東豊線を含む3路線すべてがゴムタイヤ式となっている。

札幌での地下鉄導入は、1964年から検討されていた。さまざまな鉄道システムを比較検討した結果、ゴムタイヤ式を採用したのは、地下鉄建設費の縮減がとくに求められたことが背景にある。

札幌都市圏の人口は、先に地下鉄が開業した東京・大阪・名古屋とくらべてはるかに少なかった。札幌市の人口は、地下鉄導入が検討されはじめた1964年で75万人、地下鉄が開業した1971年で105万人（現在191万人）であり、札幌市の翌年に地下鉄が開業した横浜市の人口（1972年243万人、現在368万人）とくらべても少なく、採算面

において従来方式の地下鉄の導入は難しいとされていた。

そこで札幌市は、都心部のみを地下区間とし、それ以外を高架区間として、全区間地下とするよりも建設費を大幅に削減することを計画した。問題になったのは、高架区間の騒音対策だ。当時は東海道新幹線の高架橋で発生する騒音が大きな問題となっていたため、すでにパリで実用化されていたゴムタイヤ式のシステムをさらに改良することで、高架橋で騒音を減らすことが検討された。また、札幌市は、地下鉄が路面電車の代替となるよう、駅間隔をパリの「メトロ」と同様に300m程度にすることも検討していたため、急な加速・減速が可能なゴムタイヤ式が有利であるとしていた。

車両開発のための試作車による走行試験は、1965年から行われた。まず第1次試験車から第3次試験車で車両の進路を誘導する案内機構の試験が行われ、「すずかけ号」と名付けられた第4次試験車から集電装置やモーターによる駆動を含めた本格的な走行試験が行われた。

ユニークな車両構造

札幌方式では、ゴムタイヤ車輪のみで車体を支えるようにしたため、走行システムに鉄車輪や鉄レールがない（図7-3）。線路の左右両側には、パリ方式と同様に走行車輪が転がる走行路面がある。案内レールは1本で、線路の中央に敷かれている。電車の案内車輪は、案内レールを左右からはさむように接する構造になっており、電車の進路を案内レールに沿って誘導するようになっている。

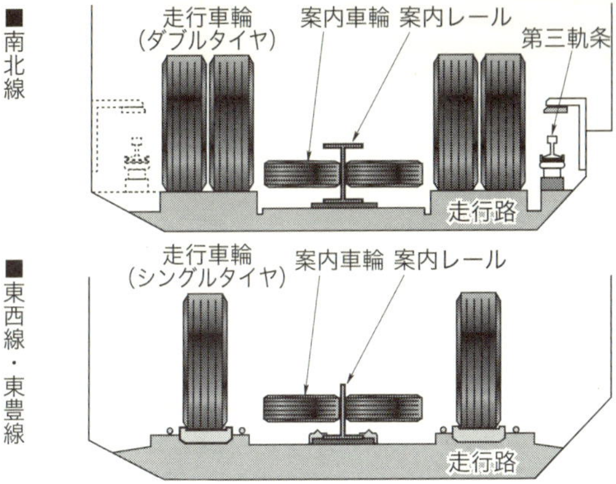

図7-3　札幌方式の走行システム

札幌市営地下鉄で最初に試作された営業用電車（南北線1000形〈2000形〉・1999年全車引退）は、登場当初先頭車のみの2両編成で、連接構造を採用していた（図7-4）。車両を推進させる駆動台車は、モーターとともに車体床面に固定されていた。先頭台車と連接台車はモーターとつながっていない付随台車となっており、案内レールの形状にあわせて向きが変わるようになっていた。

最初に開業した南北線では、集電方式に第三軌条方式（直流750V）を採用した。第三軌条が途切れるポイント部分では、電車から横方向に飛び出した集電靴を見ることができる。ポイントも特殊な構造となり、2種類の案内レールが上下する上下式が採用された。

2番目に開業した東西線の初代電車（6000形・2008年全車引退）は、1車体を2台車で支えるボギー構造となった

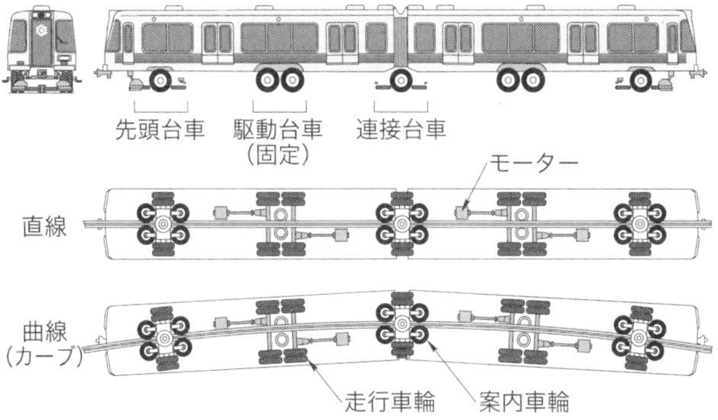

図7－4　札幌市営南北線初代電車（1000形〈2000形〉）

（図7－5)。集電方式は架線方式（直流1500V）に変更された。案内レールの断面形状は、南北線では「エ」の字形だったが、東西線では逆「T」の字形となり、樹脂板が使われていた走行路も鋼板となった。走行車輪は、南北線ではタイヤのパンク時に対応するため、ゴムタイヤが横方向に2つずつ並ぶダブルタイヤ式となった。東西線では、1つずつ並ぶシングルタイヤ式となり、台車の前後にパンク時に車体を支える補助車輪が設けられた。

3番目に開業した東豊線は、東西線とほぼ同じ仕様となっている。のちに南北線にも、東西線や東豊線と同じボギー構造の電車が走るようになった。

ゴムタイヤ式は、従来方式よりも雪や氷に弱いため、1966年に開業したモントリオール地下鉄では全区間をトンネルとしたが、建設費が膨らんだ。

札幌市営南北線では、高架区間にスノーシェルターを設

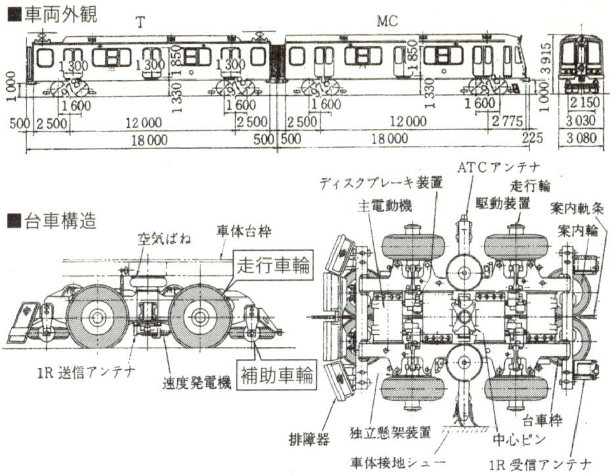

図7-5　札幌市営東西線初代電車（6000形）

けた。雪や氷の影響を防ぐとともに、沿線に騒音が伝わるのを防ぐためだ。もう一度写真7-1を見てほしい。線路をすっぽり覆う円いカバーがスノーシェルターだ。東西線と東豊線は全線地下区間となっているため、このようなスノーシェルターはない。

ゴムタイヤ式地下鉄の課題

現時点ではゴムタイヤ式地下鉄の優位性は低くなってしまった。ゴムタイヤ車輪と走行路の間に働く摩擦が大きいため、電車のエネルギー消費量が従来方式より25〜30％増大することや、摩耗が激しいゴムタイヤ車輪の交換に費用がかかること、可燃物であるゴムタイヤを地下鉄の部品

に使うことなど、メリットよりもデメリットのほうが多くなってきているようだ。

ゴムタイヤ式地下鉄のメリットとしては、加速性能や急勾配の登坂性能が高いことがあげられてきた。ただし、これについても、リニアメトロの登場で優位性が失われてきている。

7-2 リニアメトロ

目的は建設費の節減

リニアメトロは、日本地下鉄協会が提唱する日本で独自に開発された地下鉄システムであり、「ミニ地下鉄」「リニア地下鉄」などとも呼ばれる。現在、大阪をはじめ5都市6路線で導入されており、建設中の仙台市営東西線でも導入が予定されている（図7－6）。

リニアメトロは、地下鉄建設費を大幅縮減する小型地下鉄として開発された。安価で建設できる小型地下鉄が実現すれば、既存路線の混雑を緩和するバイパス路線の建設も容易になり、80万～100万人程度の地方中核都市にも低予算で地下鉄が導入できるからだ。

開発の大きなきっかけになったのが、1973年の第1次オイルショック以降における地下鉄建設費の高騰だ。これを受け、1976年からリニアメトロの開発が本格的に進められた。

システムの開発は、日本鉄道技術協会や日本地下鉄協

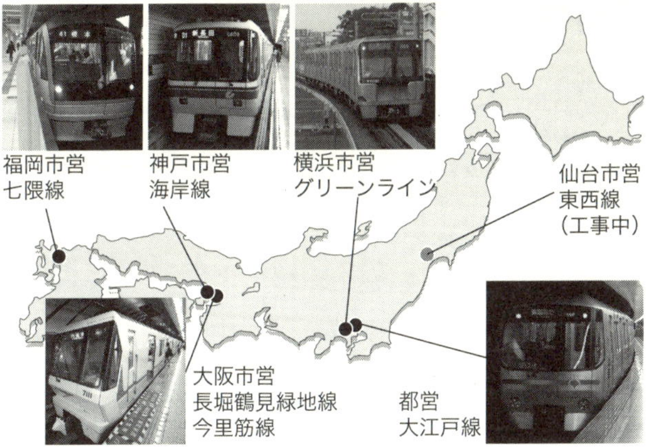

図7-6　リニアメトロを採用した路線

会、日立製作所などのメーカーが共同で行い、1987年には大阪南港に建設された試験線（全長1.85km）で2両編成の電車による各種性能試験が行われ、技術が確立された。実用化されたのは1990年であり、大阪市営鶴見緑地線（現・長堀鶴見緑地線）ではじめて導入された。

リニアモーター駆動

リニアメトロでは、車両の推進にリニアモーター駆動を採用している。リニアモーターとは、回転運動をする回転型モーターを展開して平らにし、直線運動をするようにしたものだ（図7-7）。回転型モーターにおける回転子や固定子に相当する片方を車両に、もう片方を線路に設け、双方が向かい合うようにしてリニアモーターを構成すれば、

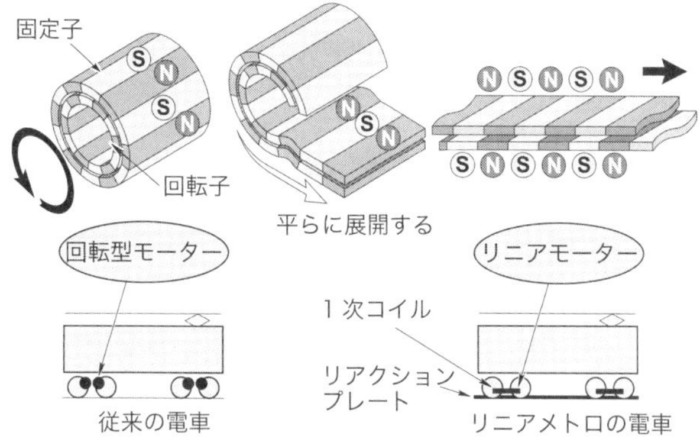

図7-7　回転型モーターとリニアモーター

車輪に生じる摩擦を使わず車両を推進させることができる。

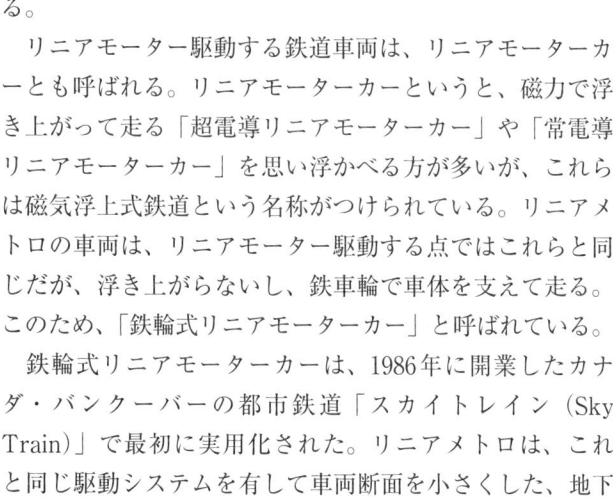

リニアモーター駆動する鉄道車両は、リニアモーターカーとも呼ばれる。リニアモーターカーというと、磁力で浮き上がって走る「超電導リニアモーターカー」や「常電導リニアモーターカー」を思い浮かべる方が多いが、これらは磁気浮上式鉄道という名称がつけられている。リニアメトロの車両は、リニアモーター駆動する点ではこれらと同じだが、浮き上がらないし、鉄車輪で車体を支えて走る。このため、「鉄輪式リニアモーターカー」と呼ばれている。

鉄輪式リニアモーターカーは、1986年に開業したカナダ・バンクーバーの都市鉄道「スカイトレイン（Sky Train）」で最初に実用化された。リニアメトロは、これと同じ駆動システムを有して車両断面を小さくした、地下

鉄に特化した鉄道システムといえる。

リニアモーター駆動を地下鉄電車に採用する利点は、おもに2つある。一つは、リニアモーターは、従来の回転型モーターよりも占有体積が小さくて平らにできること。リニアモーターを使えば、台車の小型化と車体の低床化が図られ、車両断面を小さくすることができる。車両断面が小さければトンネル断面も小さくてすみ、建設費縮減が実現する。

もう一つは、従来の粘着駆動の弱点を克服することができることだ。粘着駆動とは、レールと車輪が接する部分に働く摩擦を利用して車両を推進させることである。蒸気機関車から新幹線電車まで、一般の鉄道はすべて粘着駆動である。粘着駆動には大きな弱点がある。レールの上で車輪が空回り（空転）したり、滑ったり（滑走）すると、速度の制御ができなくなることだ。このため、急勾配の上り下りや、急な加速・減速には限界がある。

リニアモーター駆動なら、車輪の空転や滑走に影響されないため、従来方式では難しかった急勾配の通過や急な加速・減速にも対応できる。回転型モーターや歯車などの駆動装置がなくなることで、台車における可動部が減り、保守も容易になるし、騒音も出にくくなる。リニアメトロの電車では、台車の車軸間隔（軸距）や、1両の最大長さを短くしたため、急カーブを通過しやすくなり、ルートの自由度が向上した。

こうした理由から、リニアメトロが、走行性能の向上、建設費や電車の維持費の節約のうえで有利とされた。

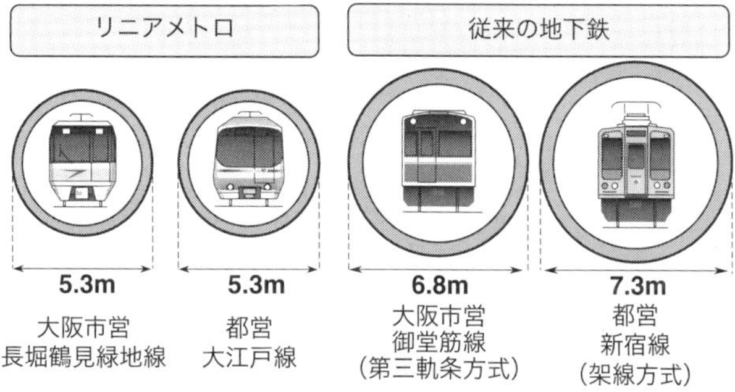

図7－8　単円単線シールドトンネルの直径比較

車両構造

リニアメトロの電車の車両断面の小ささは、従来の地下鉄の電車の外観と比較するとよくわかる（図7－8）。最大長さは15～16mと第三軌条方式の短い電車と同じぐらいで、車両断面はやや小さい程度だが、車輪の直径が小さいぶん車体の床面が低いため、最大高さは約3.1mと低くなっている。また、車体上部の側面が内側に傾いているため、円形シールドトンネルの直径が小さくできる。つまり、トンネルの断面積を小さくできる。

リニアモーターの1次コイルは前後の台車にあり、線路の中央に敷かれた金属製のリアクションプレートと向かい合うようになっている（図7－9）。1次コイルとリアクションプレートの距離は約12mmで、1次コイルに電流が流れて磁界が生じると、リアクションプレートに誘導電流が流れ、1次コイルとリアクションプレートの間で磁石が吸

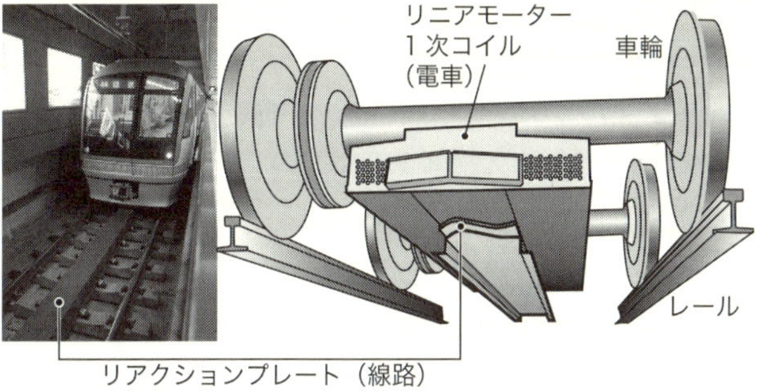

図7－9　1次コイルとリアクションプレート

引・反発する力が働き、電車を推進させる。

実際の建設費

リニアメトロは、建設費を30％縮減できることが大きなアピールポイントだった。実際の効果はどの程度だったのだろうか。

図7－10は、近年開業した区間の1kmあたりの地下鉄建設費を示したグラフで、上に従来方式の地下鉄、下にリニアメトロの例を並べてある。これらの路線が開業した期間は物価が安定していたので、地下鉄の建設コストが比較しやすい。

このグラフを見ると、リニアメトロの建設費は必ずしも従来方式の地下鉄より安いとは言い難い。300億円を突破している例もある。都営大江戸線の環状部（27.8km）は、複数の地下鉄路線のあとに建設されたため、深い場所を通らざるを得ず、予想以上に総工費が膨らんだ。横浜市

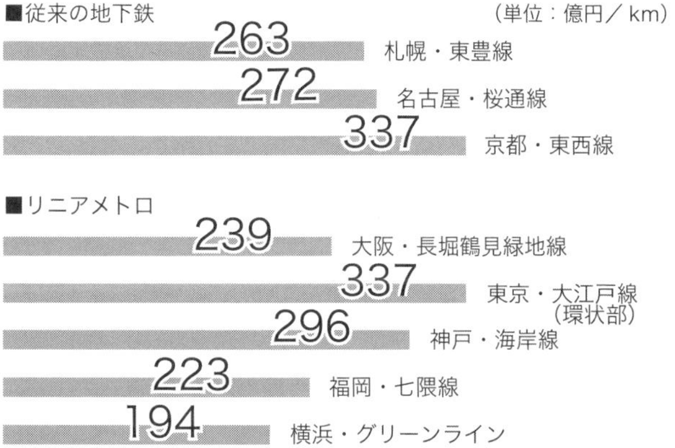

図7－10　1kmあたりの建設費

営グリーンラインは建設費が安いが、都心部を通らない郊外路線なので、単純比較はしにくい。

期待されたほど建設費が縮減できなかった要因はいくつかある。都営大江戸線のように、建設時期が関係している例もあるが、使用する部品に一般の鉄道と互換性がないものがあり、割高になったことも関係しているようだ。乗り心地や騒音低減効果を含めても、目立った優位性は見られない。海外への技術輸出も検討されたが、実現していない。

中国の広州の地下鉄でも、リニアモーター駆動する電車が走っている。急勾配をクリアするため導入されたもので、リニアメトロの電車よりは大柄だ。日本の川崎重工業の技術供与によるもので、鉄輪式リニアモーターカーとしては世界最速となる最高速度90km/h運転が実施されてい

*：規定値

	最急勾配 [パーミル]	最小半径 [m]	最高速度 [km/h]	起動加速度 [km/h/s]
パリ方式 (RATP 14号線)	50	―	80	4.5
札幌方式 (南北線)	43	―	70	4.0
リニアメトロ (長堀鶴見緑地線)	60	100	70	3.5
従来方式 (副都心線)	35[上り] 40[下り]	162	80	3.3
都市モノレール (東京モノレール)	60*	100*	80	―
新交通システム (日暮里・舎人ライナー)	50	100*	60	3.5
HSST (愛知高速交通・リニモ)	60	50	100	4.0

表7－1　各種都市鉄道の比較

る。

各システムの性能比較

地下鉄に求められる走行性能には、急カーブや急勾配に対応し、短時間で加速や減速ができて最高速度が高い、などがある。これらを各種都市鉄道で比較したのが表7－1だ。上段には地下鉄、下段は比較対象となる都市鉄道システムを並べた。最急勾配の「パーミル」は、水平方向に1000m進んで垂直方向に何m上下するかを示す単位だ。すべて本線でのデータを示している。

この表を見る限り、新方式の地下鉄が従来方式の鉄道より優れているとは必ずしも言い難い。新方式が勝る点もたしかにあるが、その差は微妙だ。従来方式も、改良によって起動加速度がリニアメトロとほぼ同等であり、ゴムタイ

ヤ式地下鉄に近づいている。

だからといって、新方式への挑戦が無駄であったなどと言うつもりはない。問題解決のため、従来のものを改良するか、まったく新しいシステムを導入するか。その選択の難しさをこの表は示している。

7-3　夏の地下鉄を涼しくする技術

現在、日本では、ほとんどの都市の地下鉄で車内冷房が行われている。地下空間での空調はいまでは当たり前になったが、実現するには難しい問題を解決しなければならなかった。本節では、その課題と工夫を紹介する。

車内冷房が求められた理由

日本では、寒冷地である札幌と仙台を除く都市の地下鉄で、車内冷房の普及率が100％に達している。海外では、地下鉄で車内冷房を実施している都市は珍しい。それだけ日本の夏は蒸し暑く過ごしにくく、不快感が高いため、車内冷房を求める人が多いといえる。とくに地下鉄がある規模の大都市では、ヒートアイランド現象による気温上昇も起きているとされている。

日本の鉄道における車内冷房は、1950年代から優等列車で、1970年代から通勤電車で本格的に導入され、1990年ごろには北海道を除くほぼすべての旅客用車両で車内冷房が行われるようになった。

地下鉄での車内冷房の普及はこれより遅れた。現在のよ

うに完全冷房化されたのは、21世紀に入ってからだった。これは、当初地下鉄が車内冷房を必要としないほど夏涼しかったことと、地下鉄で車内冷房の導入が難しかったことが関係している。

昔の地下鉄は夏でも涼しかった？

日本に地下鉄が誕生したばかりのころ、地下鉄は夏でも涼しい乗り物だとされ、それが地下鉄の売り文句でもあった。その理由には次の2つがある。

(a) 地下は日光が届かないため、気温が地上より安定している

(b) トンネルを流れる地下水が内部の空気を冷やしてくれる

(a) は、井戸水の水温と外気温に差があるのと同じことだ。当時は井戸水と同様に「地下鉄は夏涼しく冬暖かい」と言われた。

(b) は、地下水が蒸発するときに周囲の空気から熱を奪うためだ。トンネルでは、所々で地下水が染み出しているが、これが夏に天然のクーラーとなって涼しくしてくれたのだ。

ところが、利用者が増えると、地下鉄のトンネル内部の温度は徐々に高くなり、地上よりも蒸し暑い空間になってしまった。

図7-11は、営団（現・東京メトロ）銀座線の主要駅のホームと外気の温度と不快指数、年間の輸送人員、電車などが消費した運転用使用電力量の変化を示したもので、東

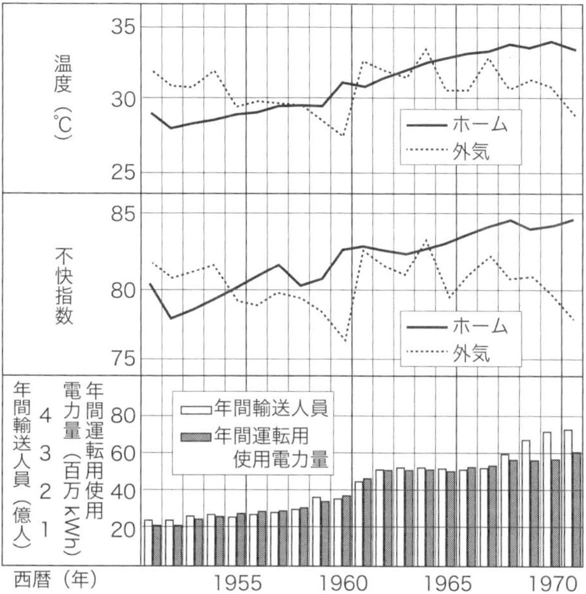

図7－11　銀座線主要駅の温度・不快指数の経年変化

京の人口が急増した1951年から1971年までの21年間のデータだ。

まず、温度と不快指数を見てみよう。1951年ごろは、外気よりもホームの温度や不快指数が低かったが、1960年までに状況が逆転し、1971年にはホームの温度が地上よりも5℃近く高くなっており、不快指数も日本人の93％が不快に感じるといわれる85に近づいている。涼しく快適だったはずの地下鉄が、21年間で地上よりも不快な空間になってしまったのだ。

次に、年間の輸送人員と運転用使用電力量を見てみよう。双方の数値は1951年から上昇しつづけ、20年間で3倍に増加している。この傾向は、温度と不快指数の変化にも影響しており、次のように説明できる。

銀座線では急増した利用者を輸送するため、編成は徐々に長くなり、運転頻度も高くなった。その結果、電車などが消費した電力が増大したが、電力の多くが熱になって消費されたため、トンネル内部の空気を暖めた。これは当時の銀座線の電車が、多くの熱を排出する抵抗制御と発電ブレーキを採用していたためだ。利用者が増加すれば、トンネルを通過する電車の数や頻度が増え、多くの熱が電車から排出される。その熱がこもって、トンネル内部の温度を上げてしまった。

当時の営団地下鉄は、地下鉄で発生する熱の比率を発生源別に次のように推算している。

電車用電力による熱：70％

照明・信号などの電力による熱：16％

人体から発生する熱：14％

電車がトンネル温度を上げる主原因になっていたことがわかる。この推算では、使用電力の全部が熱になるとし、1人1時間あたりの発生熱量を138kcalと仮定している。

当初トンネルを冷やすと期待された地下水は、この時期涸れてしまった。高度経済成長期に人口が急増した東京では、不足した生活用水を補うため大量の地下水がくみ上げられ、地下水位が低くなってしまったからだ。

段階的に行われた地下鉄の冷房

高度経済成長期以降、夏の地下鉄は年々蒸し暑くなった。地下鉄の利用者から車内冷房を求める声が高まったが、地下鉄ではすぐには車内冷房に踏み切れなかった。ユニットクーラーを電車に搭載すれば、そこから大量の熱が排出され、トンネル内部をさらに暖めてしまうと懸念されたからだ。

営団地下鉄は、地下鉄を涼しくする対策を次のような4段階にわけて行い、最終的に車内冷房化に踏み切った。

(1) 機械換気の導入
(2) 駅冷房、トンネル冷房の実施
(3) 熱を出しにくい電車の導入
(4) 電車での車内冷房を実施

(1) の機械換気は、大阪市営地下鉄が80年近く前の開業当初から実施していた。戦時中に大阪市交通局の技術者が書いた本『地下鐵の話』には、夏には気温が低い夜間を中心に強制的にトンネル内部の空気を入れ換え、地下鉄を涼しく保ったことが記されている。大阪市営地下鉄では、のちにホームの下に停車中の電車の主抵抗器から排出された熱を吸入する換気装置（図7 - 12）を設け、駅での温度上昇を防ぐ試みも行った。

東京や名古屋の初期開業区間では、当初設備費がかからない自然換気を採用した。温度上昇が問題になった1960年代から大阪に倣い、機械換気を普及させている。

(2) の駅冷房は、ホームや通路の天井などに冷風の吹出

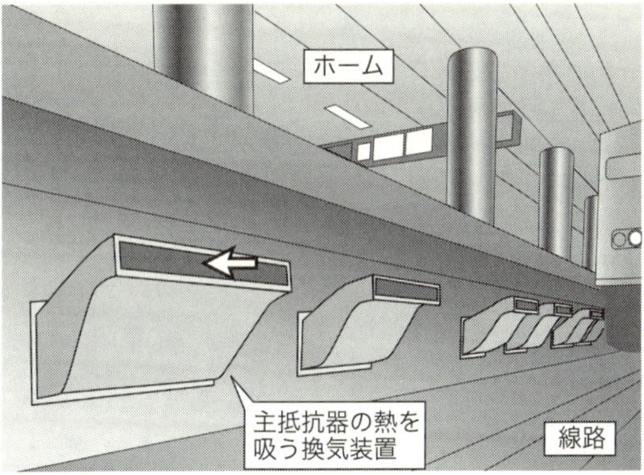

図７－12　電車の排熱を吸う換気装置

口（写真７－２）を設けるもので、利用者が多い駅を中心に実施されている。駅冷房を最初に導入したのも大阪市営地下鉄であり、1956年に梅田駅で実施したのが世界初だ。営団地下鉄は、1971年から駅冷房を実施した。

車内冷房に慎重だった営団地下鉄は、駅冷房と並行して1971年から駅間トンネルを冷房するトンネル冷房を実施してきた。当時の営団地下鉄は、駅やトンネルを冷房すれば、窓を開けることで車内に冷気が入るため、車内冷房は不要としていた。他社線で車内冷房を行う相互直通運転の列車は、地下鉄に入るとユニットクーラーを停止させていた。これが乗客に不評で、のちに車内冷房を実施することになったため、トンネル冷房は役目を終え、1999年に廃止された。不要になった冷熱源装置は、駅冷房に転用された。

写真7－2　駅冷房の吹出口（冷房化工事中のホーム）

近年は、氷蓄熱式による駅冷房の実施例がある。氷蓄熱式とは、終電後に割安な深夜電力を利用して蓄熱槽で氷をつくり、昼間にその氷を溶かして冷房に利用するというもので、電気代の節約や深夜電力の有効利用を図っている。

(3) の熱を出しにくい電車とは、熱源となる主抵抗器をなくした電車のことであり、第6章で紹介したチョッパ制御やVVVFインバータ制御、電力回生ブレーキといった新しい制御技術を導入したものを指す。地下鉄電車で新しい制御技術がいち早く導入されたのは、排出する熱を減らし、夏でも涼しい地下鉄を実現するためでもあった。

(4) の車内冷房が地下鉄で普及したのは、こうしたトンネル温度上昇を防ぐ工夫が行われてからだ。とくに (3) の熱を出しにくい電車が実現したことや、消費電力の少な

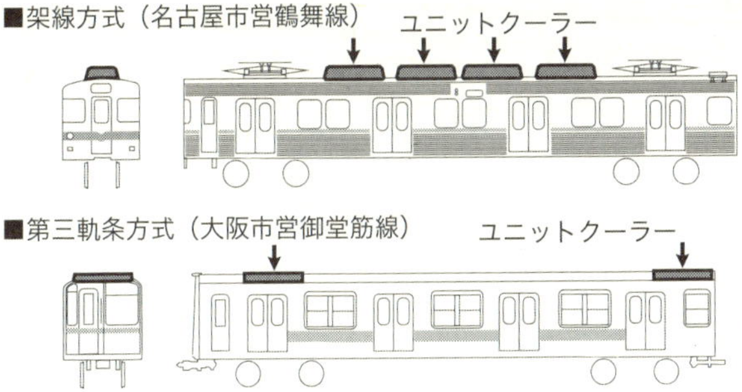

図7－13　地下鉄電車のユニットクーラーの位置

いユニットクーラーが開発されたことで、車内冷房を実施してもトンネル温度上昇を招かない条件が整ったといえる。

念願の車内冷房の実現へ

日本の地下鉄で最初に車内冷房を導入したのは、1977年のほぼ同時期に開業した神戸市営西神線と名古屋市営鶴舞線だ。これらは架線方式だったため、屋根上にユニットクーラーを搭載する空間的余裕があった（図7－13上）。また、チョッパ制御や電力回生ブレーキなどの技術がすでに確立された時期に開業したため、最初から熱を出しにくい電車が導入され、比較的容易に車内冷房が実施できた。以後建設された地下鉄でも、同じ条件がそろっていたため、札幌と仙台の地下鉄を除いて開業時から車内冷房を導入している。

初期に開業した地下鉄では、車内冷房化は難しいとされ

写真7－3　屋根に埋め込んだユニットクーラー（大阪市営御堂筋線）

ていた。第三軌条方式で車両限界が小さく、屋根上にユニットクーラーを置く空間的な余裕がなかったからだ。だが、のちに薄型でコンパクトなユニットクーラーが開発され、1979年から大阪市営地下鉄の電車（10系）ではじめて本格的に実用化された（図7－13下）。屋根に埋め込まれたユニットクーラー（写真7－3）は、上面を屋根の高さと同じにして、車両限界の上限を突破しないようにしてある。ユニットクーラー真下の車内天井は、他の部分よりも低く平らになっている。

名古屋市営東山線では、大阪市営地下鉄よりも車内冷房化が難しいとされた。電車の高さ（3440mm）が大阪市営地下鉄の第三軌条方式の電車（3745mm・10系）よりも約30cmも低く、空間的に余裕がないからだ。変電所やユニ

ットクーラーの電源となる補助電源装置の容量が十分でなかったことも、車内冷房化を難しくさせていた。

東山線で車内冷房が可能になったのは、1980年に導入された電車（5000形）からだ。制御装置の省電力化と補助電源装置の大容量化、ユニットクーラーの改良が行われたからである。同様の技術が、車両限界が小さいリニアメトロの車内冷房でも使われている。

こうした工夫によって、日本の地下鉄で車内冷房が可能になった。導入に慎重だった営団地下鉄でも、1988年から車内冷房の導入を開始し、1996年に完了した。仙台市営地下鉄でも、2003年から電車にユニットクーラーが追加されており、2013年までに車内冷房を完備する予定だ。札幌市営地下鉄では、夏でも暑い期間が短いことから、現時点でも車内冷房化はされていない。

7-4　騒音を減らす技術

かつて地下鉄は、うるさい乗り物だった。車内で聞かれる音は会話をかき消すほど大きく、乗客が不快に感じる騒音となっていた。現在は改良により、以前より車内は静かになった。本節ではそれを実現した技術を紹介しよう。

騒音の目安にもなった地下鉄

地下鉄の車内は、長らく大きい騒音の目安になっている。

騒音問題の対策を考えるとき、音の大きさを数値化して

比較することが行われている。そのとき使われる単位の一つにデシベル（dB）があり、線路のガード下の音は100dB（旧目安）というように具体例をあげた目安があるが（表7－2）、地下鉄の車内の音は長らく都市で騒音が大きい例としてあげられていた。

単位：dB

騒音源	旧目安	新目安
ガード下	100	約83
地下鉄の車内	85〜90	約77
バスの車内	80〜85	約70
繁華街	75	約72
昼の住宅街	45	約44

表7－2　騒音の大きさの目安

地下鉄の車内は、この20年ほどでだいぶ静かになった。東京都環境科学研究所が2005年に発表したデータでは、従来85〜90dBの目安になっていた地下鉄の車内音が、2005年に約77dBの目安に改められている。この数値は現地での騒音調査に基づいた平均値なので、地下鉄はたしかに静かになっていることがわかる。

地下鉄の騒音原因

地下鉄ではなぜ列車走行時の騒音が大きくなるのか。まずは、騒音の発生源から探ってみよう。

地下鉄で聞かれる騒音には、地を這うような低い音から耳障りな甲高い音まで、さまざまな音域の音が混じっている。ここでは、発生原因別に4つに分類して説明しよう。

（a）レールと車輪が振動することで放射される音（転動音）

（b）車輪とレールが擦れ合うことで生じる音（きしり

音）

（c）電車そのものから出る音

（d）トンネルが振動する音（構造物音）

（a）は、一般の鉄道でも聞かれるもので、レールや車輪の表面の凹凸が原因とされる。

（b）は、きしみ音とも呼ばれ、半径200～250m以下の急カーブを通過するときに発生する「キキキッ」という甲高い音がこれにあたる。

（c）は、電車のモーターや車体床下に吊るされた機器が発する音などが含まれる。

（d）は、列車が通過するとき発生するもので、「ゴゴゴ」という非常に低い音だ。原因は（a）と同じ車輪とレールの振動だが、構造物そのものが震えて発生する。

地下鉄の車内では、これらをミックスした音が聞こえるが、地下鉄の真上にある地下街では、（d）の低い音がよく聞こえる。

次に音の伝わり方を見てみよう。地下鉄の車内で聞かれる音は、車体の床から伝わる音と、窓から伝わる音の2種類がある。窓から入る音は、トンネルの壁によって反響して大きく聞こえる。

車内冷房が普及した現在は、季節に関係なく窓を閉めるようになったため、窓から入る音は大幅に減った。これが車内騒音を小さくする大きな要因になったといえるだろう。

騒音源を改良する

さらに静かにするには、騒音源を改良し、音の発生を抑える必要がある。地下鉄では、おもに次のような改良が行われている。

(1) 車輪・レールの削正

(2) 円弧踏面の車輪の導入

(3) 弾性車輪や防音車輪の導入

(4) 電車の軽量化と台車の改良

(5) 線路の防振防音対策

(6) 塗油器の設置

以下、それぞれについてくわしく説明しよう。

(1) 車輪・レールの削正

車輪やレールを長期間使うと、表面が削れて凹凸ができる。これは (a) の転動音を大きくする原因になるため、凹凸を削って表面をなめらかにする削正が行われている。

車輪の削正は、車庫で定期的に行われている。レールの削正は、営業運転終了後の深夜にレール削正車を走らせて行っており、回転する砥石でレール表面を平らに削っている。

(2) 円弧踏面の車輪の導入

円弧踏面とは、従来の円錐踏面を改良したものだ（図7-14)。従来の円錐踏面は、カーブをなめらかに曲がるため、車輪におけるレールと接する面（踏面）の断面が一定角度で傾斜する形になっていた。円弧踏面は、踏面の一部の断面を円弧状にしたもので、車輪の振動を抑え、きしり

音の低減に効果があるとされている。

(3) 弾性車輪や防音車輪の導入

弾性車輪とは、ゴムの弾性を生かして振動や衝撃が伝わりにくくしたものである。踏面を含むタイヤと呼ばれる部分と車軸と接する輪心と呼ばれる部分の間に防振ゴムを設けている。ゴム板の面に対して平行に力が働く剪断型と、面に垂直に圧縮する力が働く圧縮型の2種類がある（図7－15）。

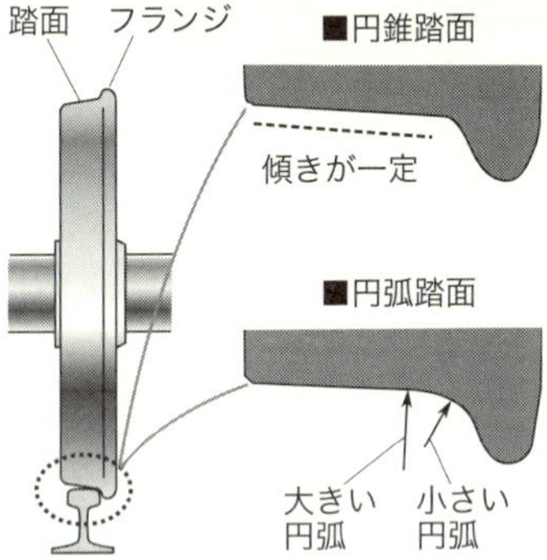

図7－14　円錐踏面と円弧踏面

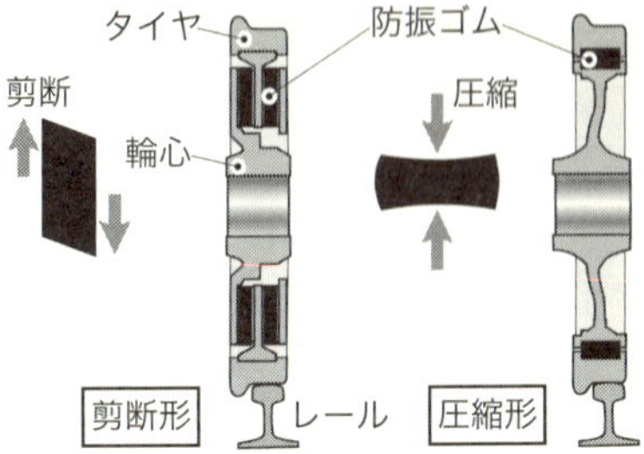

図7－15　弾性車輪の構造

日本の地下鉄では、名古屋市営地下鉄のみで弾性車輪が使われている。名古屋市営地下鉄では、1957年に東山線で登場した初代電車（100形）から剪断型の弾性車輪を使いはじめた（写真7－4）。この弾性車輪は、タイヤと輪心とつながった板部を円形のゴム板を介して固定する構造になっており、騒音低減と乗り心地向上が図られると期待された。このため、初期に開業した東山

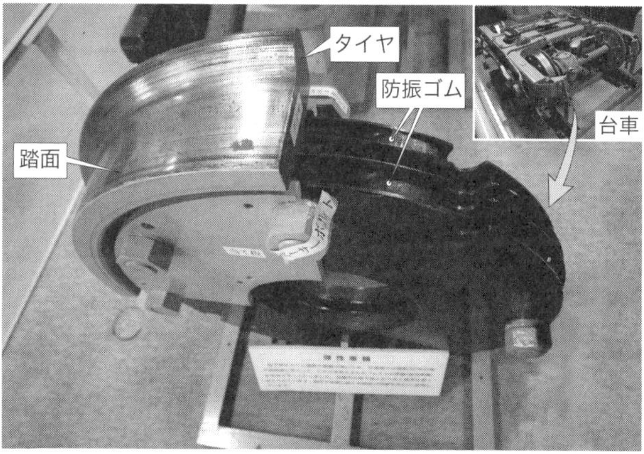

写真7－4　弾性車輪のカットモデル（名古屋・市営交通資料センター）

線と名城線（名港線）の電車に導入されたが、その後建設された路線（鶴舞線・桜通線）の電車には採用されなかった。弾性車輪は車両重量を制限するため、相互直通運転が可能な大型電車に使えなかったからだ。

剪断型の弾性車輪は、現在も名古屋市営の東山線と名城線（名港線）の電車で使われているが、2008年に東山線に登場した新型電車（N1000形）では採用されず、タイヤと輪心が一体化した一体圧延車輪が採用された。近年開発された防音車輪が採用されたからだ。

ここでいう防音車輪とは、ステンレス鋼またはゴムでできた防音リングをはめた車輪（図7－16）のことである。防音リングの制振効果によって、きしり音のような高周波数域の音を小さくすることができる。近年は低周波数域を

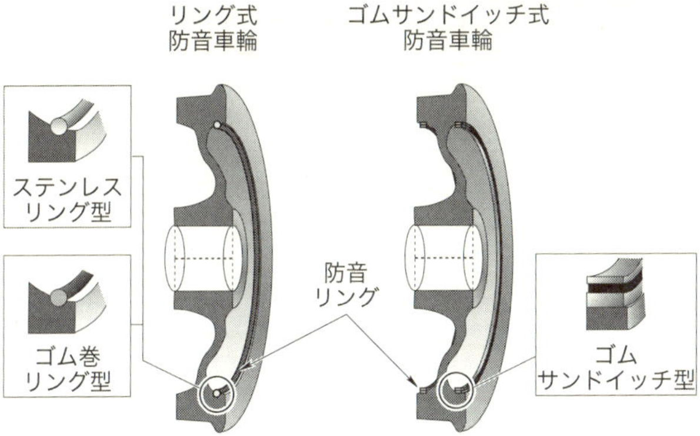

図7-16　防音車輪

含めた広い周波数域の音を小さくする防音車輪も開発されている。騒音低減に効果があるため、地下鉄をはじめ多くの鉄道で普及している。

(4)　電車の軽量化

近年、軽量化した電車が増えている。軽量化は、強度や機能を十分に保ちながら、車体や台車の構造を見直すことで実現している。電車が軽くなることは、消費電力の節約につながるだけでなく、走行時に発生する騒音や振動を低減する効果もある。

(5)　線路の防振防音対策

線路の改良は、電車の改良よりも規模が大きく、費用がかかるため敬遠されていたが、急カーブなど、音が発生しやすい場所を中心に線路の改良が進められている。

地下鉄の線路では、スラブ軌道を採用した場所が多い。スラブ軌道は、スラブと呼ばれる鉄筋コンクリート板にレ

ールを固定したものである。維持が容易なのが利点だが、スラブ表面に凹凸がないため音が反響しやすいという弱点がある。防音対策としては、一般の鉄道線路で使われているバラスト（砕石）を表面にまき、バラスト表面の凹凸の吸音効果で音の反響を防ぐという方法がある。

レールからトンネルに伝わる衝撃や振動を和らげるものには、防振まくらぎや防振マットがある。防振まくらぎは、底面に防振材をつけたまくらぎだ。防振マットは、レールやまくらぎ、スラブなどの下に敷くので、ゴムなどの防振材でできている。これらはトンネル内部で発生する音を小さくするだけでなく、沿線に伝わる振動を減らすうえで効果がある。

これらの対策は防振防音効果が高いため、近年開業した路線では開業時から実施されている。

(6) 塗油器の設置

塗油器とは、車輪とレールの間に生じる摩擦を軽減するため、潤滑油を塗る機器であり、車両側と線路側（地上側）に設けられている。線路側では、とくに急なカーブに設けられており、電車が安全かつなめらかに通過できるようにするとともに、(b) のきしり音を減らすことができる。地下鉄路線によっては、駅のホームに立っているとトンネルから油のようなにおいがすることがあるが、これが潤滑油のものだ。

あとがきにかえて

近年、東京で地下鉄の新規区間工事を見かけなくなった。欧米の都市でも地下鉄建設は一段落し、地下鉄よりも安価で導入できる路面電車（LRT）の整備が進んでいる。その意味で、「地下鉄とはなにか」を改めて考えてもいい時期にきているといえるだろう。

そんな地下鉄の原点に興味を持ち、地下鉄やシールド工法が生まれたロンドンの地に足を運んだ。ブルネル博物館の館長は、展示品を指差しながら「テムズトンネル」の歴史をていねいに語ってくれた。このトンネルの開通後に地下鉄が生まれ、日本に導入されていまに至っている。その間にどんな技術発展があったのか、本書でそれをまとめようと試みた。執筆は難航したが、ご協力いただいた方のおかげでなんとか本のかたちにすることができた。

出来る限り正確な内容を記すように心がけたが、筆者は鉄道技術者ではないので、各分野のプロフェッショナル集団である東京地下鉄や鉄道建設・運輸施設整備支援機構、車両メーカーの有志の方に査読していただいた。図版に関しては、地下鉄博物館、熊谷組、その他多くの団体や個人にもご協力いただいた。本書の編集担当である講談社の中谷淳史氏には、前作『図解・新世代鉄道の技術』に続き、粘り強くおつきあいいただいた。この場をお借りして厚く御礼申し上げます。

2011年1月　川辺謙一

■地下鉄の定義

「地下鉄」には明確な定義はない。本書では都市の地下に建設された鉄道のうち、以下の基準を満たすものを「地下鉄」として扱った。

○日本の地下鉄

一般に「地下鉄」と呼ばれる鉄道を、本書では「地下鉄」とした。該当するのは、以下に示す全国9都市10団体が運営する現存する鉄道、および過去に東京に存在した3団体が運営した鉄道である。

表記は以下のようにわかりやすい呼び方に統一した。路線名を併記する場合は、「地下鉄」を略した。

現存する運営団体	本書での呼び方
東京地下鉄株式会社	東京メトロ
東京都交通局	都営地下鉄
大阪市交通局	大阪市営地下鉄
名古屋市交通局	名古屋市営地下鉄
横浜市交通局	横浜市営地下鉄
札幌市交通局	札幌市営地下鉄
神戸市交通局	神戸市営地下鉄
京都市交通局	京都市営地下鉄
福岡市交通局	福岡市営地下鉄
仙台市交通局	仙台市営地下鉄

BLUE BACKS

科学をあなたのポケットに

講談社

ブルーバックス

分類マークについて

▼

カバー表の分類マークの色はそれぞれ次のようなジャンルに相当します。

紫——物理学
赤——数学
緑——生物学
黄——化学
青——天文・宇宙・地学
ピンク——医・薬・心理学
茶——技術・工学・
　　コンピュータ
オレンジ——その他

過去に存在した運営団体	本書での呼び方
東京地下鉄道株式会社	東京地下鉄道
東京高速鉄道株式会社	東京高速鉄道
帝都高速度交通営団	営団地下鉄

次の鉄道は、一般に「地下鉄」とは呼ばれていないので、本書では除外した。

・地下区間があるJRや私鉄、第三セクター鉄道
（例・JR京葉線、JR総武・横須賀線、JR東西線、長野電鉄、首都圏新都市鉄道「つくばエクスプレス」など）

・地下区間がある新交通システム、モノレール
（例・広島高速交通「アストラムライン」、愛知高速交通「リニモ」、東京モノレール）

・路線の全区間または大部分が地下区間だが、「地下鉄」とは呼ばれていない鉄道
（例・埼玉高速鉄道、横浜高速鉄道「みなとみらい21線」、神戸高速鉄道）

○海外の地下鉄

海外の鉄道では、必ずしも日本の「地下鉄」のイメージと一致しないものもある。本書では、路線の全部、または一部が地下区間である都市鉄道のうち、地元で日本の「地下鉄」と同じように認識されているものを「地下鉄」として扱った。

なお、地下鉄のある都市の数については、社団法人日本地下鉄協会が編集した『世界の地下鉄　151都市のメトロガイド』（ぎょうせい、2010年）のデータを参照した。

引用文献

■1章

写真1－2　大倉土木：東京地下鉄道竣工記念，1928

図1－3　東京地下鉄道：東京地下鉄道史—坤，1934　一部改変

図1－4　写真1－2と同

図1－5　日本地下鉄協会：30年のあゆみ—社団法人日本地下鉄協会設立30周年，2010　改変

図1－7　National Rail Enquiries HP, Maps of the National Rail network, 2010　路線図を改変

図1－8　Andrew Emmerson：The Underground Pioneers, Capital Transport, 2000

図1－9　図1－8と同

図1－10　図1－8と同

図1－11　Photographic Collection, London Transport Museum

図1－14　多摩六都科学館HP，ニューズレターNo.15　図を参考に作図

図1－17　図1－11と同

図1－18　日本地下鉄協会：世界の地下鉄—151都市のメトロガイド，ぎょうせい，2010　改変

図1－19　新谷洋二：都市交通計画（第2版），技報堂出版，2003　一部改変

表1－3　図1－11と同

■2章

図2－2　渡辺健・塚田章・和田一郎・猪瀬二郎：地下鉄道施工法，

土木施工法講座15巻，山海堂，1975

■3章

図3－1　都市鉄道研究会：超図説・鉄道路線・施設を知りつくす，学習研究社，2009

図3－2　シールド工法入門，入門シリーズ17，土質工学会，1992

図3－3　図2－2と同

図3－4　名古屋市交通局：市バス・地下鉄のあすに向けて（パンフレット），2003　一部改変

図3－5　東京地下鉄：帝都高速度交通営団史，2004

図3－6　東京地下鉄：東京地下鉄道副都心線建設史，2009

図3－7　大阪市交通局：大阪市地下鉄建設五十年史，1983

図3－10（上）　君島光夫：地下鉄建設の証―君島光夫著作選集，2000

図3－10（下）　アメリカ合衆国住宅都市開発局編・斎藤徹監訳：トンネル―アメリカ合衆国を中心としたトンネル技術の現況，森北出版，1970

図3－11　図3－10（下）と同じ

図3－13　トンネルと掘削工法，土木学会，1959

図3－14「単円、MF、DOT」鉄道総合技術研究所：鉄道構造物等設計標準・同解説―シールドトンネル，丸善，2002，「複合円」高橋聡・諸橋敏夫：大断面複合円形シールド工事の概要―東京地下鉄13号線神宮前工区土木工事，61，土木技術，2006，「矩形」ワギング・カッタ・シールド工法，シールド工法技術協会，2007

図3－15　(a)（b）図2－2と同　(c）図3－6と同

図3－16　シールド工法技術協会：多様化するシールド掘進技術，

土木工学社，2006

図3－17　図2－2と同

図3－18　熊谷組

図3－19　トンネル，グラフィックス・くらしと土木，5，土木学会，1985（2点とも）

図3－20　青山俏・古川公毅：図解・東京の地下技術，かんき出版，2001

図3－21　図2－2と同

図3－23　（左）帝都高速度交通営団：東京地下鉄道有楽町線建設史，1996　（右）図3－5と同　ともに一部改変

■4章

図4－3　帝都高速度交通営団：東京地下鉄道半蔵門線建設史（渋谷～水天宮前），1999

図4－5　岡田龍二・小山浩史：総重量5,000tfの地下鉄丸ノ内線を受ける—地下鉄13号線　新宿三丁目駅，トンネルと地下，36，9，2005　一部改変

図4－6　岡田龍二・木村創：都営新宿線シールド直上11cmに開削で駅を築造—地下鉄13号線　新宿三丁目二工区，トンネルと地下，36，11，2005　一部改変

図4－8　図4－3と同

図4－10　図4－3と同

図4－11　Gavin Dunn：Piccadilly Circus, London Transport Museum, 1989

図4－13　http://www.oocities.com/athens/acropolis/7069/ltcamden.jpg

図4 - 14　Morden Extension Kennington Loop, London Electric and "City" Railways, The Railway Magazine, 10, 1926

■5章

図5 - 3　菱沼好章：信号保安・鉄道通信入門，鉄道業務セミナー，2，中央書院，1988　p54の図を参考に作図

図5 - 5　都市高速鉄道研究会：つくばエクスプレス建設物語―構想・施工・新技術の紹介，成山堂書店，2007　p121の図一部改変

図5 - 6　森稔・中澤弘二・鈴木光彰：新たなニーズに応える列車制御システム，東芝レビュー，64，9，2009

図5 - 7　和嶋武典・門野尊倫・横瀬藤彦：都市交通におけるワンマン運転支援システム，日立評論，8，2003

■6章

写真6 - 3　J. Graeme Bruce：Tube trains under London, London Transport Board, 1968

図6 - 2　大塚和之：海外4都市の地下鉄を見る，鉄道ジャーナル，335，9，1994（ロンドン，パリ，ニューヨークのみ）　里田啓：世界の地下鉄　ア・ラ・カルト，鉄道ピクトリアル，608，7，1995（パリメトロ）

図6 - 3　松澤浩：旅客車工学概論―鉄道車両の車体デザインとアコモデーション設計，レールウェイ・システム・リサーチ，1986　p69の図を視点アングルを改変

■7章

図7 - 2　Vukan R. Vuchic・田仲博訳：都市の公共旅客輸送―その

システムとテクノロジー，技報堂出版，1990　p401の図一部改変
図7－3　中山隆・井上六郎・原慧：鉄道Ⅲ，新体系土木工学，68，土木学会，1980　p164－165の図一部改変
図7－4　米沢和夫：札幌市高速鉄道計画と案内軌条式車両，鉄道ピクトリアル，240，8，1970　p32の図一部改変
図7－5　図7－3と同　p173の図一部改変
図7－9　宮田道一・守谷之男：電車のはなし―誕生から最新技術まで，交通ブックス，118，成山堂書店，2009　p204写真を参考に右図作図
図7－10　仙台市交通局：地下鉄東西線なんでもサイト（https://www.city.sendai.jp/toshi/touzaisenchousei/gaiyou/pdf_tozai-qa/02.pdf）データを引用しグラフを改変
図7－11　図2－2と同
図7－12　赤松義夫・諸河久：大阪市営地下鉄，日本の私鉄，18，カラーブックス580，保育社，1982　p84写真より作図
図7－13　大須賀廣郷・田川輝紀・小川金治：名古屋市営地下鉄，日本の私鉄，20，カラーブックス586，保育社，1982　赤松義夫・諸河久：大阪市営地下鉄，日本の私鉄，18，カラーブックス580，保育社，1982　図面にユニットクーラーを追加
図7－15　鉄道技術用語辞典online，財団法人鉄道総合技術研究所一部改変
図7－16　品種別製品情報，住友金属HP　防音車輪の図を改変 http://www.sumitomometals.co.jp/business/products_details/railway-automotive-machinery-parts/syarin/syarin_03.html
表7－2　須田忠明：都市部における騒音の新しい目安，第11回公開研究発表会，東京都環境科学研究所，2006

さくいん

【さ行】

【た行】

【な・は行】

【ま・や・ら・わ行】

N.D.C.546　254p　18cm

ブルーバックス　B-1717

図解《ずかい》・地下鉄《ちかてつ》の科学《かがく》
トンネル構造から車両のしくみまで

2011年 2 月20日　第 1 刷発行

著者　川辺謙一《かわべけんいち》
発行者　鈴木　哲
発行所　株式会社講談社
〒112-8001 東京都文京区音羽2-12-21
電話　出版部　03-5395-3524
販売部　03-5395-5817
業務部　03-5395-3615
印刷所　(本文印刷) 豊国印刷 株式会社
(カバー表紙印刷) 信毎書籍印刷 株式会社
本文データ制作　講談社プリプレス管理部
製本所　株式会社国宝社

定価はカバーに表示してあります。

ISBN978-4-06-257717-5

発刊のことば

科学をあなたのポケットに

二十世紀最大の特色は、それが科学時代であるということで……を続け、止まるところを知りません。ひと昔前の夢物語もどんどん現……われの生活のすべてが、科学によってゆり動かされているといっても過言……

そのような背景を考えれば、学者や学生はもちろん、産業人も……トも、家庭の主婦も、みんなが科学を知らなければ、時代の流れに……

ブルーバックス発刊の意義と必然性はそこにあります。このシリ……物を考える習慣と、科学的に物を見る目を養っていただくことを最……のためには、単に原理や法則の解説に終始するのではなくて、政治や……文科学にも関連させて、広い視野から問題を追究していきます。科学……観を改める表現と構成、それも類書にないブルーバックスの特色であ……

一九六三年九月

野間省一